真珠事典

真珠、その知られざる小宇宙

監修 小松 博
真珠科学研究所所長

はじめに

本書は、2002年に刊行された『真珠の知識と販売技術』（小松博、増渕邦治、上村逍共著、繊研新聞社刊）の後継書です。後継書ですが、内容的には前書の知識の部分をより拡充し、販売の部分を縮小した体裁にしました。それは私どもが日常的に開催している真珠セミナーで前書を副読本としてきたことから得た結論です。

前書でも触れましたが、真珠を巡る情勢は、グローバル化、脱アコヤ真珠化が一層顕著になっております。それは新しい秩序が構築される前の、一種の予備段階としての無秩序として受け止めなければなりません。

私どもの本来の職務である研究分野で言えば、2002年以降の最大の業績は、真珠のテリについての解明が飛躍的に発展したことが挙げられます。Ⅴ章の品質論で詳細に論じましたが、既存の考え方からの大きな脱却であり、測定法の解決策でもありました。真珠の本質はテリにあります。換言すればテリがあったからこそ、真珠は宝飾品になりえたのです。テリを主軸にした新しい秩序の構築を願って止みません。

本書は13人のスタッフが分担して執筆し、全員による討論を経て成文化しました。研究不足、勉強不足で掘り下げが不十分の箇所もあると思います。また初めての試みですが用語集を掲載しました。私どもが20年以上発刊し続けている月刊誌『マルガリータ』で掲載したものが主要部を占めております。初版のこれらの不十分さは、今後の改訂版を経て、より正確さを深め、内容を豊かにしていきたいと思っています。

最後に繊研新聞社の編集者、稲富能恵さんに感謝の言葉を送りたいと思います。彼女の叱咤激励がなかったら本書の刊行はありえなかったと思います故。

真珠科学研究所 所長　小松 博

2015年２月１日

〈CONTENTS〉

● 監修
小松　博　　　真珠科学研究所

● 執筆者
小松　博

松本　みさ　　有限会社松本みさ事務所代表（XIII 装いのルールとマナー）

○真珠科学研究所
坂本　昭

阿倍　有圭子
齋藤　友恵
佐藤　昌弘
椎塚　純
田中　宏樹
並木　俊裕
矢﨑　純子
山本　亮

荻村　亨　　　株式会社アクアテック・インターナショナル
内藤　綾子

I

歴　史

天然真珠の歴史

1）人類と天然真珠

人類と天然真珠の関わりあいは太古の時代から続き、世界各地に広くその証しを見ることができます。

自然に生息する貝の中から採れる真珠、こうした真珠を天然真珠と呼びます。海辺や川の近くに住む人々が貝を手にし、その中から虹色に輝く美しい珠が現れたら、どんなに驚いたことでしょう。

例えば、「世界の何処にあっても、まさしく至宝とたたえられるもの、それは真珠である」

これは古代ローマの博物学者、ガイウス・プリニウス・セクンドゥス（Gaius Plinius Secundus）（註1）の言葉です。また、「自然のままで、その完璧な美しさを誇る真珠は、人類が最初に出会った宝石である……」との書き出しで始まるのは、米国の宝石学者であるG.F.クンツ博士（George Frederick Kunz）の著書『The Book of the Pearl』（註２）です。数千年にわたる真珠と人類の歴史が描かれています。こうした人類と天然真珠の関わりを歴史の中でいくつか拾いあげてみましょう。

- 中国最古の書物のひとつとされる『尚書』（註３）には、紀元前23世紀頃の王が川から採れた真珠のネックレスを貢物として受け取った事や、『天工開物』（註４）には、海水産真珠を採取する錫製のシュノーケルをくわえた漁師の様子が描かれています（図1）。また、西太后が肌身離さず身につけていたお守りが巨大な真珠「パール・オブ・アジア」（註５）というのはあまりにも有名です。

図１　『天工開物』の真珠採取風景

図２　マナール湾の真珠採取風景『The Book of the Pearl』（DOVER PUBLICATIONS,INC.）

- インドでは、紀元前18世紀頃から伝わる聖典『リグ・ヴェーダ』にも真珠と解釈される言葉があり、紀元前４世紀頃の叙事詩『ラーマーヤナ』に、軍の遠征には真珠の孔あけ師が同行したとあります。セイロンとの間に位置するマナール湾（図2）は、セイロンシンジュガイから採取された真珠がローマで高い評価を受け、ペルシャ湾と並び天然真珠の一大漁場でした。
- ペルシャ湾での真珠採取の歴史は約4000年前に遡るといわれます。バーレーン島がその中心で、ここを基地として真珠産業が栄え、1905年には17,500人ものダイバーがベニコチョウガイから真珠を採取し（図3）、「オリエントパール」として世界の市場に送り出しました。今尚、バーレーンが天然真珠にこだわる訳がわかります。
- 現イラン南西部のスーサ遺跡、アケメネス朝ペルシアの王女の墓からは、紀元前6世紀に作られたとされる真珠のネックレスが出土しています（図4）。

図３　ペルシャ湾の真珠採取風景『The Book of the Pearl』（DOVER PUBLICATIONS,INC.）

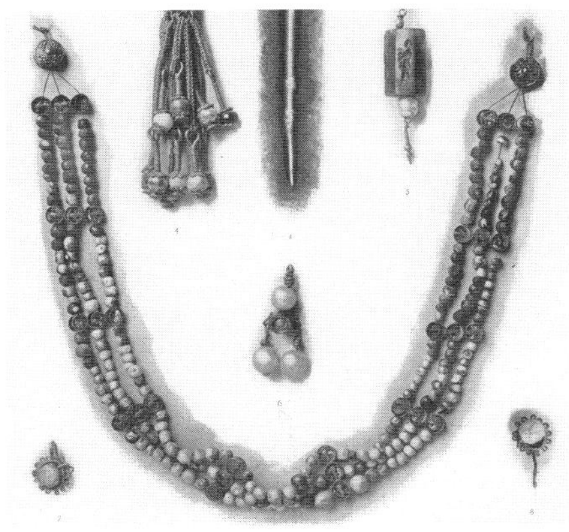

図４　ペルシャの王女の遺跡から発見されたネックレス『The Book of the Peal』（DOVER PUBLICATIONS,INC.）

- 広大な地中海一帯に覇を唱えたローマ帝国で真珠は大流行しました。そのローマ帝国が分裂すると、真珠や財宝、それにまつわる文化が後の中世の王家に伝わり、有名なハプスブルグ家の王女達やその後の英仏などの王室女性達は真珠に心を奪われました。この時代の幾多の真珠とそれにまつわるエピソードは今も往時を物語っています。意外な出来事は、14世紀には真珠熱が異常に高まり、ベニスでは花嫁以外の若い女性に真珠禁止令（註６）が出たことです。
- アメリカ大陸では、紀元前６世紀から15世紀にかけて栄えたメキシコの遺跡や、ペルーの前インカ時代の遺跡から海産真珠の装飾品が発掘されています。また、19世紀中頃にニュージャージーの川で採取された貝から出た真珠がティファニーに高値で買い取られました。そのため大勢の人々が真珠を求めて、川に押しかけ「パールラッシュ」が始まったとあります。
- 日本では『魏志倭人伝』（註７）によれば、３世紀後半（弥生時代後期）の産物に触れて「真珠や青玉を産出する」とし、また壱与（卑弥呼の跡を継いだ邪馬台国女王）は魏の王に「白珠5000孔（個）を献上した」とあります。この白玉とは真珠のことでしょう。
- 745年創建の東大寺の三月堂（法華堂）には、本尊、不空羂索観音（ふくうけんさくかんのん）が安置されていますが､白毫（びゃくごう）に配された真珠の他、宝冠には多数の真珠が並んでいます（註８）。
- 1979年奈良市で、日本最古の史書『古事記』の撰者であり、『日本書紀』の編纂にも深く関わった太安万侶（おおのやすまろ）の墓が発見され、その墓の中には､直径３～４ミリの小粒真珠が４粒（図５）ありました。千数百年にもわたって地中に眠り続けての発見でした。
- 奈良の正倉院の宝物真珠（註９）は、その数といい保存状態といい現存する古い真珠の中では他を圧倒します。今から約1200年も前の真珠が4,158個も残っています。

上記の他、福井県鳥浜貝塚からは日本最古（5500年前）の真珠や北海道茶津貝塚からは人為的に貫通孔をあけた日本最古(縄文時代)の真珠が出土しています。また、真珠は現存する様々な民族の伝承、神話、そして文献に枚挙に暇のないほどに登場します。アレキサンダー大王やシーザーをはじめとする、時の権力者の欲望の対象として、真珠は戦いの歴史の影に見え隠れする存在（註10）でもありました。極めて稀少な存在でありながら、それゆえに膨大な時空にあっては、人類との幾多のかかわりを重ねました。

現在の私たちにとっては、養殖により最も身近な宝石となった真珠ですが、天然

図5：太安万侶の墓から発見された４つの真珠（奈良県立橿原考古学研究所所蔵）

真珠の時代から、人種、国境を越えた広がりをもち、数千年という時間の流れの中でも存在し続けてきた宝石なのです。

註１：古代ローマの博物学者。紀元79年ヴェスヴィウス火山噴火の科学調査で窒息死。著書『博物誌』は現存する一種の百科全書で全37巻。
註２：1908年、米国の宝石学者であるジョージ・フレデリック・クンツ博士の著書。天然石「クンツアイト」の発見者でもあります。
註３：書経、紀元前551年～477年。
註４：中国の明末（17世紀）の、宗 応星の著。全３巻の産業技術書。
註５：ペルシャ湾で発見された、６センチ×５センチ×2.8センチ、114 gの巨大真珠。インドから略奪したペルシャ王から、1735年清国皇帝へ即位時に贈られました。その後、清朝歴代の宝物とされましたが、西大后が加工させた作品が、没後、1918年に突如世に出ました。
註６：その後フランス、ドイツにも発令されました。
註７：中国の魏の史書『魏志』の「東夷」の条に収められています。日本古代史に関する最古の史料。蜀志・呉志と共に『三国志』の中に収められています。
註８：宝冠の直径60センチ、真珠が最も多く、数千個を数えられます。
註９：4,158個はすべて海産真珠で、アコヤ真珠が大半で、若干アワビ真珠が含まれます。この内、3,830個は「礼服御冠残欠」に収められています。
註10：アレキサンダーはペルシャ戦でインドから真珠を入手し、ギリシャやエジプトへ持ち込みました。また、シーザーのブリテン大遠征はスコットランド真珠を入手するためとの説があります。

真珠養殖の歴史

１）最初の養殖、中国の仏像真珠

人類が真珠を作ろうとした歴史はかなり古く、最初の真珠養殖は中国の仏像真珠（図6）であるといわれています。11世紀に淡水二枚貝のカラスガイを用いて半形真珠を養殖したという記録『文昌雑録』があります。その後技術的にも改善され、13世紀には蘇州の大湖畔で、貝殻で作った玉や薄い鉛製の仏像などを貝殻と外套膜（がいとうまく）の間に挿入して半形真珠を養殖し、これを切り取って装飾品や仏具に使用したと言われています。（後年の御木本幸吉の半円真珠発明の理論と技術に通ずるものが見て取れます）

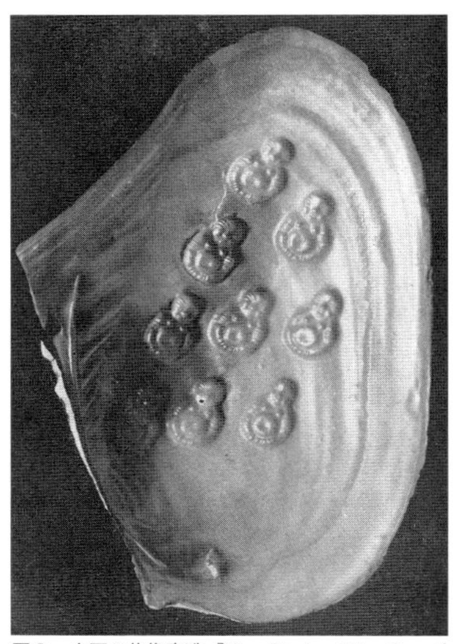

図6　中国の仏像真珠『The Book of the Pearl』(DOVER PUBLICATIONS,INC.S)

２）有柄真珠養殖の試み

ヨーロッパでは「自然科学の父」と呼ばれるスウェーデンの科学者リンネ（註11）

図７　リンネの有柄真珠

図８　中国の有柄真珠

が、1761年に細い銀線（T字型ホルダー）の先端につけた石灰の小球を、貝殻にあけた孔から貝殻と外套膜との間に挿入し、金属柄のついた球形に近い真珠を作ったことは有名な話です（図7）。

ところが、中国ではリンネよりかなり以前から有柄（ゆうへい）真珠を作っていたようです。中国では直角に曲げた銀線に球形の核をつけ、貝殻縁より貝殻内面に沿わせて貝殻と外套膜との間に挿入しました。そこで核が貝殻内面から離れるように銀線を90度回転して立て、固定し、金属柄のついた有柄真珠を作っていました（図8）。

註11：カール・フォン・リンネ（1707～1778年）。動植物の近代的命名法の創設者。初めて球形の真珠を作り出しました。しかし、その手法は秘匿され、その後150年間も忘れ去られていました。

3）半円真珠養殖の成功

御木本幸吉は、東京帝国大学の箕作佳吉博士の教えを乞うて後、1893年にアコヤガイの貝殻内面真珠層に半円状の核を固着させ、その表面を真珠層で覆わせることで半円真珠の養殖に成功しました（図9）。

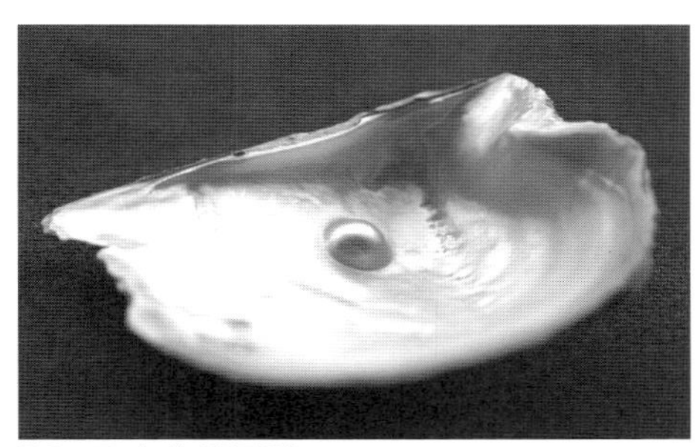
図9　アコヤガイ半円真珠

半円真珠部を切り取り、貝殻真珠層で裏打ちされた製品は、やがて進出した銀座店舗へと出荷されました。

4）真円真珠養殖の成功

御木本幸吉が半円真珠の養殖に成功して以来、熾烈な真円真珠養殖競争が始まり、やがて下記3者から真円真珠養殖に関する特許が相次いで出願されました。

時系列に記すると次のようになります。

見瀬　辰平：1907年３月「注射針活用の技術」
　　　　　　1917年６月「誘導式」
西川　藤吉：1907年10月「ピース式」
御木本幸吉：1918年５月「全環式」

〔見瀬 辰平〕誘導式

特殊な注射器（図10）を考案。針の先端部を鋭利に研ぎ、これを外套膜外面から刺し込む方法で、注射器で外套膜の一部を切断し、そこに注射器の押針で直径0.5ミリの核を押し出します。核は先に切断された外套膜切片と密着した状態で真珠貝の体内に入ります。やがて真珠袋が形成され、真円真珠ができるという方法です。

出願時期から「世界初の真円真珠」と見なし得るものの（註２）、生成される真珠の大きさは１年で1.5ミリ、２～３年かけても期待に反してあまり大きくならず、大正初期にはほとんど中止されました。その後も研究を続けて特許申請したのが「誘導式」とよばれたものです。

この方法は、外套膜外表面から上皮細胞を貝体内へ誘い込む道筋を作るという技法ですが、天然で真珠袋が形成される原理にこだわりすぎるものでした。そのため、細胞を貝体内深く落ち込ませることや、大きな真珠を形成させることに無理があり、効率も悪いものでした。

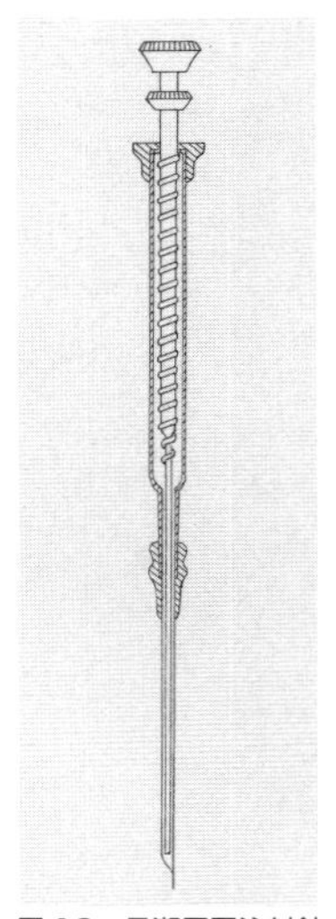
図10　見瀬辰平注射針

〔西川 藤吉〕ピース式

西川藤吉は東京帝国大学出身の動物学者として、グループで真珠養殖研究に取り組みました。西洋人によって進められた真珠成因に関する研究から真理を見極め、外套膜の小片を切り取り、核と共に貝の体内に移植して真珠袋を形成させる方法に到達し、真円真珠養殖を達成しました。「西川式」とも呼ばれ、没後、藤田昌世によって補完され、今日に至るまで長く挿核技術の基本となっています（図11）。

〔御木本 幸吉〕全環式

御木本養殖場の従業員であった桑原乙吉（元歯科医）によって発明された原理です。真珠層を分泌する外套膜外面上皮細胞で核を包み、極細の糸で結索した後、貝

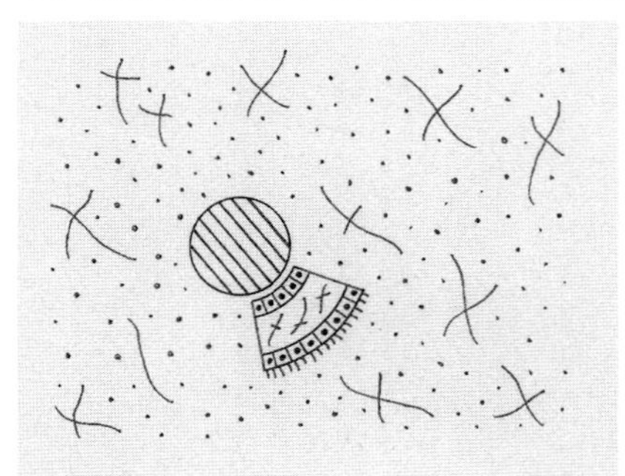
図11　ピース式

図12　全環式

体内に挿入して真珠袋を形成させ、真円真珠を得るという技法です（図12)。しかし、この方法は作業が難しく効率も悪かったため、実用性に欠けるものでした。

真円真珠養殖までの歴史をその技術的側面から捉えてきましたが、一方で、この成果をいかに産業として開花させるかははるかに大変なことです。真珠養殖を事業として確立することと同時に、その先の商品製作、そして商品流通と市場の育成と拡大、これらに道筋がついてこそ産業の創出が果たせます。この道程には計り知れない困難が待ち受けます。事実、その一つである養殖真珠の市場創出には欧州の天然真珠との確執もありました（註3)。

図13　御木本幸吉像

あらゆるステージで、御木本幸吉（図13）の全財産を投げ打った極限の真剣勝負の跡が鮮やかに浮上します。真珠事業の開祖とも言うべき存在であり、その功績は計り知れません。

今やワールドワイドに展開する真珠養殖ですが、「養殖真珠の国・日本」の矜持は揺るぎません。僅かな産出の天然真珠を除き、現在世界の人々が目にする真珠の殆どが、この日本で開発された〈真珠養殖〉という技術によってもたらされたものなのです。

註２：現在は真円真珠の発明者は当欄掲載の３人、見瀬辰平・西川藤吉・御木本幸吉とされています（真円真珠発明者頌徳碑)。
註３：パリ裁判（1924年)。天然真珠にこだわり、「養殖真珠は真珠に非ず」と排斥しようとする欧州業界との裁判。パリで係争し、御木本幸吉は勝訴。ヨーロッパでの歴史が始まりました。

II

成　因

外套膜の貝殻生成機能

1）「何を核にしたらできるのか」の呪縛で 200 年

真珠ができる原因を「砂粒などの異物が貝の体内に入りこむと、貝は痛みを和らげるために真珠層を分泌して異物を包み込む」と考える人は多く、ヨーロッパの研究者達は16世紀中頃から「何が核になると真珠は作られるのか」という視点での研究に取り組みました。その考えは200年余も続いたと言われています。

やがて19世紀にはドイツやフランスの科学者たちが、貝の体内で真珠が作られる原理の解明に取り組み、1856年、ドイツのヘスリング（Von Hessling）とキュッヘンマイステル（Kuchenmeister）等によって真珠袋の存在が発見されました。外套膜の上皮細胞と同一の形態をした細胞が、貝体内にある真珠を球状に包んでいることが顕微鏡により観察されたのです。この袋の中で貝殻と同じ構造である「真珠」が作られているのではないかと考えられました。そして1907年、日本において見瀬辰平、西川藤吉が真珠養殖法の特許を出願し、御木本幸吉もならんで特許を出願、真珠養殖の時代が始まりました。

貝は「外套膜」と呼ばれる貝殻を作る器官を持っています。軟体部と貝殻の間にある半透明の薄い膜で、内臓全体を包んでいるように存在しているためこの名がついています（図14）。外套膜は、上皮細胞と結合組織から成り、外套膜の貝殻に面している細胞（外面上皮細胞）は、貝殻との間に粘りのある液（粘液：外套膜外液）を分泌します（図15）。この粘液の中で、有機基質と炭酸カルシウムの結晶が生成され、貝殻が形成されます（図16、註1）。

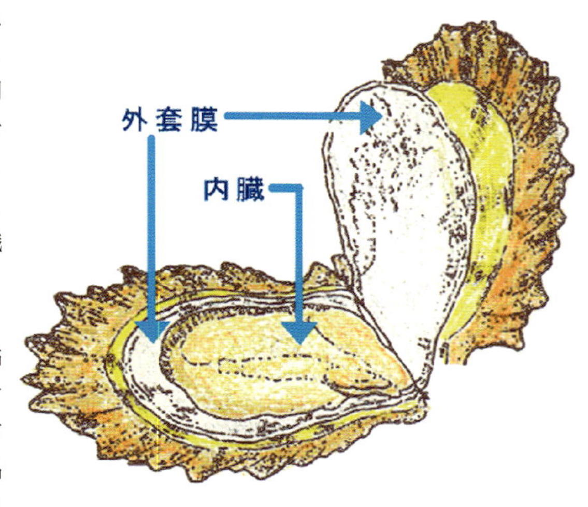

図14　アコヤガイ体内の概略模式図

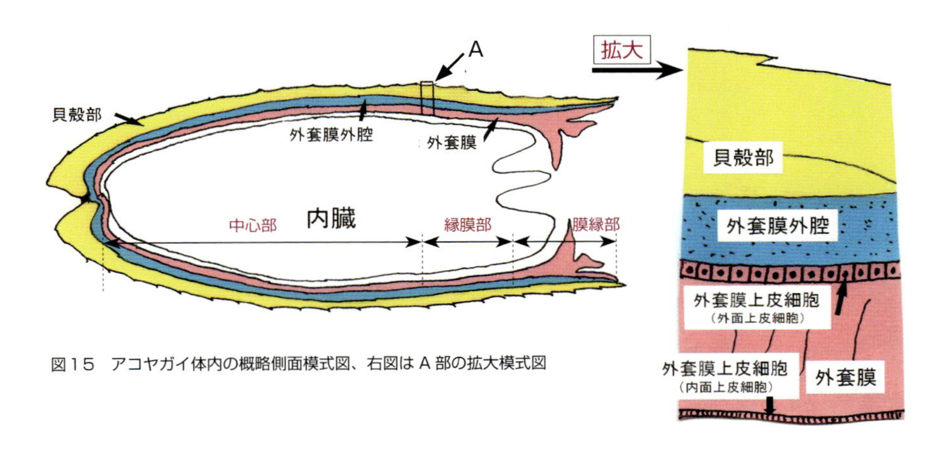

図１５　アコヤガイ体内の概略側面模式図、右図はＡ部の拡大模式図

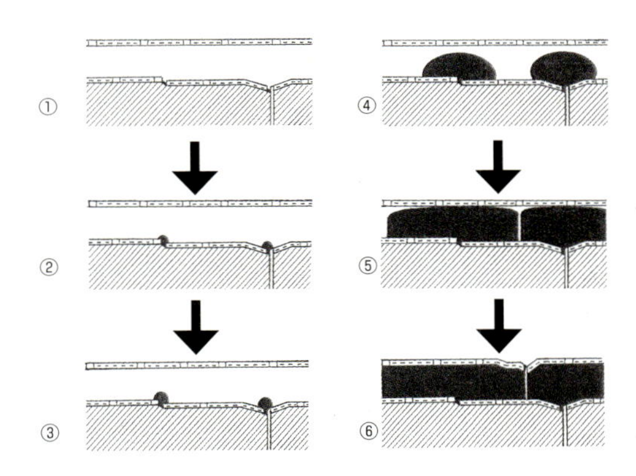

図 16　外套膜外腔部でアラゴナイト結晶が生成する模式図

外套膜によって作られる貝殻は、その部分によって違った構造をしています。外套膜の一番縁の部分（膜縁部）で作られる「稜柱層」と、その内側の部分（外套縁膜部、中心部）で作られる「真珠層」と呼ばれるふたつの構造です。「稜柱層」とは貝殻の外側や内側の縁を作っている黒色や褐色で柱状構造をした不透明な部分です(図17、18)。一方、「真珠層」とは貝殻の内側に見られる美しい輝きを放つ部分です（図19、20)。

註１：『真珠の科学』（和田浩爾著・真珠新聞社刊）参考

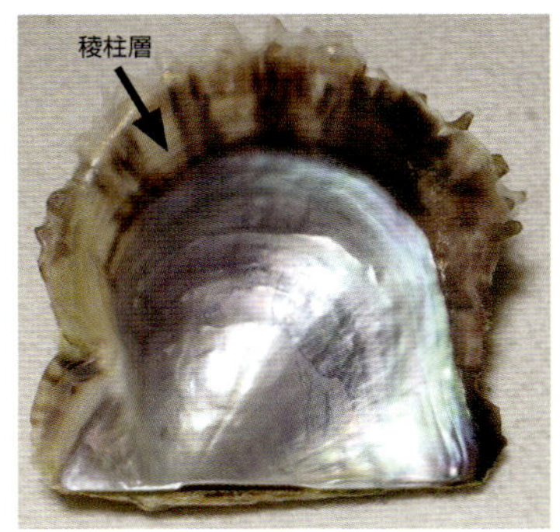

図17　貝殻内面の稜柱層（矢印）

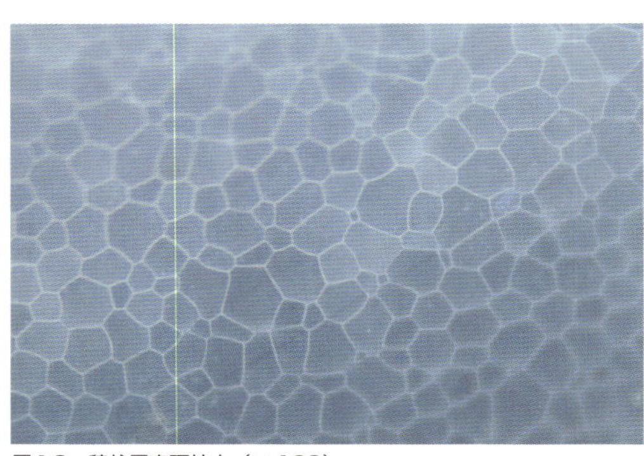

図18　稜柱層表面拡大（× 100）

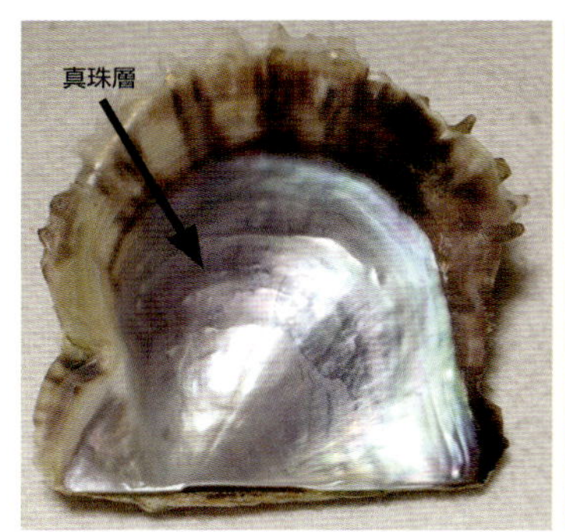

図19　貝殻内面の真珠層（矢印）

図20　真珠層表面拡大（× 100）

ピースと真珠袋

1）外套縁膜部を切り出したピース

貝殻を作る器官である外套膜には、不思議な性質があります。その一部が貝体内に入ると、結合組織や内臓側の上皮細胞（内面上皮細胞）は血球に分解されてしまいます。しかし、貝殻側の外面上皮細胞は体内で養分をもらい成長し、袋状になるのです。この袋を真珠袋といい、これが真珠作りの主役になります。真珠袋は、やがて袋の中に粘液を分泌します。その粘液の中で、貝殻と同じ炭酸カルシウムの結晶と有機基質が生成されます。つまり真珠とは、真珠袋の中でできた貝殻（真珠層）なのです。養殖真珠は、この真珠袋を作るきっかけを人為的に与えてできた真珠のことです。

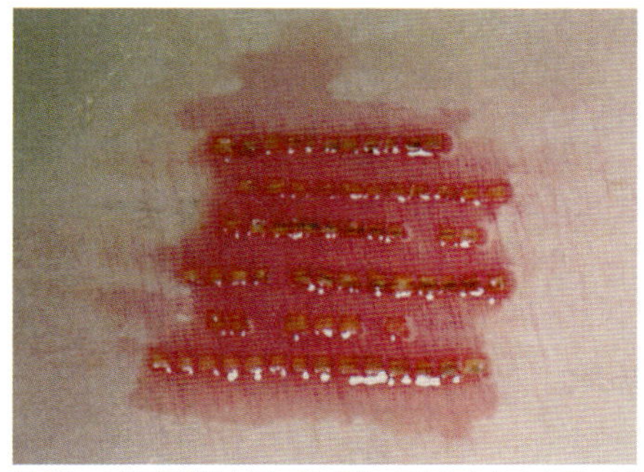

図21　外套縁膜部を切って「ピース」にしたところ。ピンクに色付けされている

挿核に先立つ作業として、まず初めに別途に選定した貝の隙間から刃物などの平たく薄いものを差し込み、閉殻筋（貝柱）を切断して貝を開きます。次に外套膜の上に重なっている鰓（えら）などの臓器を取り除きます。すると、貝殻の内側に張り付くようなかたちで外套膜が現れます。この外套膜を縁に沿ってある程度の幅を取りながら、外套膜縁部と外套縁膜部をまとめて切り出し、まな板の上に乗せます。そして外套膜から外套膜縁部を取り除きます。外套膜縁部が含まれていると稜柱層が作られて、美しい真珠にはならないからです。そして、外套縁膜部だけになった外套膜を２～３ミリ四方の正方形に切り刻みます。これを「ピース」と呼びます（図21）。

２）真珠を作る真珠袋

切り出されたピースは専用の器具を用いて、核と一緒に貝の生殖巣へ移植されます。これを「挿核」と言います。そして貝の体内に入ったピースは増殖を始め（註２）、約１週間から３週間くらいで核を覆うような袋状の器官、「真珠袋」を作ります。このようにして作られた貝の体内の真珠袋の中では、真珠の基となる成分が分泌され、真珠が作られ始めます。核に沿うように真珠袋は作られるので、球形ではない核を用いて養殖した場合、真珠は核の形に沿って生成されます（図22）。また、核がなくても真珠袋は同じように作られます。この時、核のように形の土台となるものがないため、真珠袋自体はいびつなかたちとなり、でき上がった真珠も同様にいびつなかたちになります（図23）。

今でも「核を貝の体内に入れると真珠ができる」と考えている人は多いようです。しかし、これは大きな間違いです。先に述べたように真珠は真珠袋の中で作られるものであり、真珠袋がなければ真珠は作られないからです。その真珠袋が作られるために必要なのは、外套膜の一部であり、砂粒などの核となる物質ではありません。天然真珠は、偶然外套膜がちぎれ真珠袋が形成された真珠であり、核の有無からは判断できません。

註２：厳密には外面上皮細胞のみが増殖します。

図 22　立方体の核を用いると立方体の真珠ができる

図 23　核がないといろいろな形のいびつな真珠ができる

真珠袋の真珠層生成機能

1）真珠層構造の生成過程

真珠袋が作られると、その中にまず真珠の成分であるカルシウムやタンパク質を含んだ粘液が分泌され、核と真珠袋の間を満たします。分泌液の中では、そこに含まれる有機物質が化学変化を起こし、同心円状に並んだシートが作られます。そしてその仕切られた中で、真珠の主成分である炭酸カルシウムの結晶化が始まります(図16)。最初、炭酸カルシウムの結晶は球形をしています。この結晶が膨らむように徐々に大きくなり、やがて層状の部屋を仕切るシートに達するまで成長します。すると今度はシートに沿うように横方向に結晶は成長を始めます。そのまま隣の結晶とぶつかるまで成長を続けます。このシートと炭酸カルシウムの結晶が何度も繰り返し作られることによって、真珠層構造と言われる薄層が積み重なった構造となります。この幾層にも積み重なった構造が真珠層の重要な特徴であり、真珠特有のテリや劣化、および修復にも大きく関係してきます。

2）2つの失敗のケース

図24　稜柱層と真珠層からできている真珠

しかし、実際に外套縁膜部を貝に移植して真珠袋を作ったとしても、その中では必ずしも真珠層が作られるとは限りません。稜柱層や有機物といった余計なものが作られることがよくあります。その理由としては次のようなこと挙げられます。

ひとつは稜柱層を作る外套膜縁部がピースに残ってしまうことです。外套膜は柔らかく触れると縮むため、外套縁膜部だけをきれいに切り出すには熟練の技術が必要になります。そのため、未熟な技術者が作業を行うと外套膜縁部が除去しきれずに残ってしまうことがあります。このようなピースを使って真珠を作ると、真珠層以外の構造を持った真珠ができることになります（図24）。

また、本来真珠層を作るはずの外套縁膜部が、環境の急激な変化などの様々な刺激によって分泌異常を起こすことがあります。その一つの例として、真珠袋の細胞が炎症を起こす場合が考えられます。挿核手術後、貝の体内では免疫機能が働き、ピースや核の周りには多数の血球などが集まってきます。これらの血球の壊死あるいは崩壊したものが真珠袋と接触すると、その接触部で炎症をおこし、その細胞は真珠のシミの原因である黒褐色をした有機物などを分泌します。また炎症が広い範囲で起こった場合には、有機質真珠と呼ばれるような真っ黒の真珠が出現することもあります。また、バクテリアの存在によって炎症をおこすという報告もあります。

III

養　殖

アコヤガイの真珠養殖工程

1）アコヤガイの特徴

図 25　アコヤガイ貝殻

アコヤガイは貝殻内面が銀色でその中に淡い虹彩を持つ海水産二枚貝です(図25)。作り出す真珠の色は、白色系を中心にゴールド系のものまであり、真珠層の透明度が高いのが特徴です。生産される真珠の大きさは、直径３～４ミリの厘珠と呼ばれるものから、約10ミリまでのものが一般的で、形はクロチョウ真珠やシロチョウ真珠に比べて球形に近いものが多くできます。

生産地は日本を中心に温帯の東アジアに広がっています。日本での生産量は、1990年は70トン（約18,700貫）、2000年は30トン（8,000貫）、2010年は21トン（5,600貫）と減産の一途です。（農林水産省海面漁業生産統計より）

2）採苗と稚貝の育成

図 26　人工採苗の様子

養殖では、まず貝の確保が重要になります。そのため人工採苗等（図26、註１）により稚貝から育成する方法がとられています。オスとメスの貝から取り出した精子と卵を水槽のなかで受精させます。受精後に浮遊生活を送る幼生は20日ほど変態を繰り返し、水槽の中の付着器（遮光ネットやクレモナロープ）に付き始めます。やがて成長につれ網目の大きなカゴに仕分けられながら海洋で2～3年間かけて成長すると、挿核手術に使用できる大きさになります。この間に白色系の真珠を作る貝の系統の選抜育種（註２）が行われます。

註１：貝の確保には、人工採苗・天然採苗・天然採取（自然採取・成長貝の採取）の方法があります。
註２：品種改良。この場合は、真珠層に黄色味のない貝を選抜して育成します。

３）仕立て

挿核手術に入る前に仕立てと呼ばれる作業を行います。この仕立ては、卵抜きと抑制と呼ばれる作業から成っています。

①卵抜き

卵抜きは挿核技術者が挿核する場所の観察を容易にするばかりでなく、挿核時に流れ出す卵や精子によって､ピース（註３）の挿核位置がずれてしまうことを防止します。また、不良品や変形真珠の生産を低減する効果があるといわれています。卵抜き作業は、水深や温度の変化、オゾン曝気（ばっき）の刺激などを利用して行われます。

②抑制

抑制は挿核時に貝が生理的ショックを受けない状態にする効果があるといわれています。この作業はカゴの中に貝を高密度で詰め込み、流れが弱く酸素や栄養が少ない環境に置きます。この状態のままで１カ月ほど経つと、貝の生理活性が抑制されることにより冬眠状態になると考えられています。この抑制は貝にとって非常にデリケートな作業であるため熟練を必要とします。また、抑制と同じ効果を狙って、挿核前に貝に麻酔をかけることもあります。

註３：外套縁膜部の切片の呼称。大きさは約２～４ミリ四方で、挿核時核に密着するように生殖腺に挿入します。

４）挿核手術（核入れ）

２～４ミリ角に切り取ったピースと核を生殖巣に挿入します。直径２～３ミリの核なら３～５個、５～６ミリなら２個、それより大きいサイズの核なら１個挿核します。大きくなるほど貝への生理的負担が大きく、挿核の難易度が増し、熟練度が要求されます。また順調な真珠形成のため、ピースと核が密着されていることも要求されます。挿核とはまさに生体間移植であり、再生医療（註４）であると言われる所以です。

挿核手術の時期は水温との兼ね合いが重要で、海域によってベストな時期に適期集中の作業として行われます。

註４：１世紀以上前のこの真珠袋を作る技術は、医学的にも見るべきところ大であると言われています。

5）養生

挿核手術が行われた貝は、流速が弱く岸に近い穏やかな環境で１カ月ほど静置し、傷口の回復を待ちます。この工程は養生と呼ばれ、貝を穏やかに回復させます。これによってへい死や脱核を防ぎ、真珠袋の形成を早め、歩留まりや品質の向上につなげます。

6）養成（養殖管理）

養生の工程が終わると、餌が豊富で貝が活発に活動できる海域に移動させます。これを沖出しといいます。この後１～２年間養殖に適した漁場で、場合によっては移動しながら育てます。

①貝掃除

養殖に適した海域は餌が豊富で他の生き物にとっても快適な場所です。そのため、貝殻にはフジツボやゴカイ、カキ、ホヤの仲間など多くの生き物が付着します。これらの付着物は、貝の呼吸や摂餌（せつじ）を邪魔し、時には貝の内部に侵入して貝を死亡させることもあります。したがって、貝掃除と呼ばれる作業を行い貝殻表面からこれらの生物を取り除きます（図27）。フジツボやカキなど硬い殻をもつ生き物にはナイフやハンドリューターを用い、比較的柔らかい生き物に対しては高圧水流を用います。また、ベルトコンベアーと高圧洗浄機が組み込まれ自動化されたシステムが使用されることもあります。

②塩水処理

貝掃除の一手法です。ゴカイの仲間などは貝殻の内部や隙間に侵入しているため、①の作業では完全に取り除けません。そのため貝殻に塩をまぶしたり濃塩水に漬けたりして、浸透圧現象を利用して

図 27　上：貝掃除前、下：貝掃除後

殺虫駆除をします。これを塩水処理といいます。

養成期間を通じて上記の管理（海事作業、註5）をこまめに行い、やがて水温の下がる冬場を迎えます。

註５：挿核施術（核入れ作業）に対して、この種の貝の管理は一般的に海事作業と呼ばれます。

7）浜揚げ（採珠）

様々な工程を経てやがて「浜揚げ」（図28）と呼ばれる収穫期を迎えます。11月から２月にかけての水温の低い冬の時期に行われることが一般的です。この時期には薄く大きなアラゴナイト結晶が分泌され、また整然とした真珠層が形成されるので真珠のテリ（干渉色と輝き）が向上するからです。即ち、最後の仕上げ「化粧まき」が果たされます。やがて貝殻から真珠の入っている貝の軟体部を切り離し、真珠を傷つけることのないミキサーに入れて、真珠のみを分離採取します。

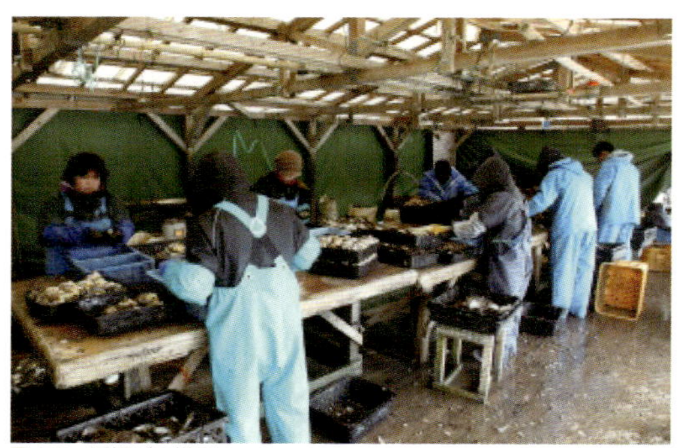

図 28　浜揚げの様子

クロチョウガイの真珠養殖の特徴

1）クロチョウガイの特徴

貝殻の真珠層外縁部が虹色に輝くクロチョウガイ（図29）から産出されます。真珠の色は緑色系を中心に赤、緑、黄色の混合色で、緑、黒、黄、紫、茶、銀、白色など様々です（図30）。また、それらの色には濃色から淡色まであり非常に多くのバリエーションがあります。真珠の大きさは一般に7～18ミリほどで、アコヤガイに比べて変形率が高く、形のバリエーションは豊富です。

図29　クロチョウガイ貝殻

図30　様々な色のクロチョウ真珠

クロチョウ真珠の養殖は、1965年に沖縄で123個の美しい真円真珠の生産に成功したことから始まりました。現在では世界の全生産量の90%以上がフランス領ポリネシア（タヒチ中心）で生産されています。またクック諸島、フィジーなどの南太平洋諸国や沖縄でも少量生産されています。生産量は1990年が0.6トン（160貫）以上、2000年が8トン（2,130貫）以上、2010年が12.5トン（3,300貫）以上となっています。（財務省貿易統計より推計）

2）養殖工程の特徴

①養殖用の貝は、通常天然採苗で確保します。クロチョウガイの稚貝が豊富に付着する海域を狙って、採苗器（コレクター）を投入します。採苗器は化学繊維でできており、貝が付着する総表面積が広いブラシ状になっています。

②採苗器に付着した貝を取り外し、新しいロープに吊るすなどして丁寧に管理します。1年で4～5センチに成長し、3～5年ほどで挿核に適した大きさ11～14センチに育ちます。

③アコヤガイと異なり抑制作業は行いませんが、手術前に麻酔を施す場合もあります。

④挿核手術は、通常1つの貝に1個の核しか挿入しません。一緒に挿入する外套

膜切片は、採取位置（縁膜部）を的確に切り取ることが重要とされています（註6）。

⑤養生（養殖管理）期間中の貝掃除では、高圧水流を用います。またクロチョウガイの漁場では、イソギンチャクの仲間が多く付着して、貝の摂取の邪魔をしたり軟体部に刺激を与えたりします。イソギンチャクの仲間は貝殻の先端部や隙間に付着しているため、塩水処理を施し駆除します。沖出しから２年ほどかけて養成します。

⑥クロチョウ真珠の浜揚げは、真珠袋を最小限に切り、一個一個真珠の出来を確認して慎重に取り出します。⑦の判断が必要だからです。

⑦真珠の仕上がりが良い場合、真珠を取り出した後の真珠袋に新たに生成真珠とほぼ同じサイズの核を挿入します。すでにでき上がっている真珠袋を利用する方法により、さらに大きな真珠を生産することができます。この挿核施術を、Ｄオペ（ダイレクトオペレーション）、直入、セカンドオペなどと呼びます。ここで挿核された貝はさらに同じ養殖工程を経て、１～２年後に浜揚げされます。真円真珠養殖が２回行われた後、さらに半形真珠の養殖が行われることもあります。

註６：ピースの採取位置が縁膜部の外側（ハサキ側）にずれると、稜柱層を含む真珠ができる危険性が高く、内側にずれると色素分泌が少なくなります（色の薄い真珠の生成）。

シロチョウガイの真珠養殖の特徴

１）シロチョウガイの特徴

1927年にインドネシアで養殖が成功し、現在はオーストラリア、インドネシア、フィリピン、ミャンマーなどが主な生産地です。一般にシロチョウ真珠とも南洋真珠とも呼ばれています。その母貝であるシロチョウガイ（図31）は、貝殻内側の真珠層の縁が金色の「ゴールドリップ」と銀色の「シルバーリップ」の２つのタイプがあり、それぞれ生産される真珠の色は、前者はイエロー、クリーム、ゴールド系、後者はホワイト、シルバー系が中心となります（図32）。

図31　シロチョウガイ貝殻　左：ゴールドリップ、右：シルバーリップ

図32　シロチョウ真珠

一般的な大きさは直径8～20ミリ程です。真珠層のまきはアコヤ真珠に比べかなり厚く、その分変形が多く、形のバリエーションが豊富です。生産量は、1990年が2トン（530貫）以上、2000年が5.5トン（1,470貫）以上、2010年が18トン（4,800貫）以上になります。（財務省貿易統計より）

2）養殖工程の特徴

①養殖用の貝の確保は海域によって異なります。通常、オーストラリアでは自然の採取（天然採取）が多く（一部人工採苗）、シルバーリップが中心です。他の海域（インドネシア、フィリピン）では人工採苗でゴールドリップが中心です。

②人工採苗で得られた貝は、２～３年ほどで挿核手術に適した大きさに成長しま

す。オーストラリアで養殖に使う貝は、一般的に大型が中心です。

③自然採取した貝、あるいは人工採苗後挿核手術に適した大きさに育った貝に、通常は１つの核のみ挿入します。一般的にアコヤガイのような抑制作業は行いませんが、卵抜きは実施されているところもあります。

④挿核手術後、穏やかな海域で養生します。この間に転倒（註７）という作業が行われます。この作業は何度も貝を置く向きを変えることによって、挿核された核を貝の体内の適した位置に収めるためのものです。傷口が回復し転倒作業も完了すると、本格的な養成に入ります。

⑤養成期間は付着物の除去に追われます。ナイフ、高圧水流を用い、さらに自動化された高圧洗浄システムも導入されて貝掃除が行われています。ゴカイの仲間などは貝殻の内部や隙間に侵入しているため塩水処理を施し駆除します。

⑥シロチョウ真珠は約２年の養殖期間を経て浜揚げされます。真珠袋を最小限に切り、一個一個真珠の出来を確認して取り出します。オーストラリアでは12ミリ以上の大珠が主流です。インドネシアでは、それよりやや小さく８～９ミリも珍しくありません。

⑦真珠の仕上がりが良い場合、すでにでき上がっている真珠袋を利用するＤオペ（直入）を行います。さらに同じ養殖工程を経て約２年後に浜揚げされます。Ｄオペで養殖される真珠は12ミリ以下のものはほとんどありません。真円真珠養殖が２回行われた後、母貝の様子をみてさらに半形真珠の養殖（６～10カ月）が行われることもあります。

註７：同じ姿勢で放置すると、真珠袋の下部が抑圧されて体内の適した位置からずれたり、育成が妨げられて正常な真珠袋が形成されません。これを防ぐため、何度も貝の向きを変えます。

イケチョウガイ、ヒレイケチョウガイの真珠養殖の特徴

１）淡水真珠の特徴

淡水真珠は、1935年より琵琶湖を中心にイケチョウガイ（図33）を母貝とし

た真珠養殖の事業化が成功し、「BIWA」パールがその代名詞でした。現在日本では、琵琶湖の西の湖や茨城県の霞ケ浦周辺で、主にヒレイケチョウガイとの交配種を母貝として小規模ながら有核の大サイズを志向した生産（註８）がなされています。

図33　イケチョウガイ貝殻

中国では1970年代にカラスガイを母貝とした養殖が行われ、皺珠（註９）が日本で諸加工されて海外に輸出されましたが、急激な供給増加で価格は低落しました。1990年代に入り、ヒレイケチョウガイを使用した養殖が行われるようになり、当初は３～４ミリの丸系の無核真珠を生産しました。現在では２～10ミリまで丸い無核のものを中心に、養殖期間によっては15ミリ以上のものも養殖されています。さらに一方では様々な形の核を使用した養殖も行われており、形のバリエーションを増やしています。生産量は2005年に1,800トン（48万貫）を超えたといわれており、全世界生産量の95％を占めています。

ヒレイケチョウガイが生み出す真珠は、ホワイト、オレンジ、バイオレットを中心にそれらが混ざり合った色をしています。

註８：中国と同じものを生産していては、コストで太刀打ちできません。高い生産性を志向しての戦略。
註９：シワ珠。丸みが少なく米粒状で、たてシワが多く、ナチュラルなものの他、種々なカラーに加工されました。

２）養殖工程の特徴

①養殖貝の確保は、現在人工採苗で行われています。受精卵はグロキディアと呼ばれる幼生に成長すると体外に放出され、近くの魚類の体表に二枚貝の貝殻で噛みつくように寄生します。このようにイケチョウガイやヒレイケチョウガイでの採苗には魚類の存在が不可欠です。15日ほど寄生生活を送った幼生は水底に落下します。

②ヒレイケチョウガイは頑強で生育が早いため育成期間は短く、従来は２年貝が一般的でしたが、今は１年貝が母貝として使われることも珍しくありません。

③イケチョウガイやヒレイケチョウガイは、海産真珠貝に比べ非常に厚い外套膜をもつことから、中国ではヒレイケチョウガイの外套膜に切り込みを入れピー

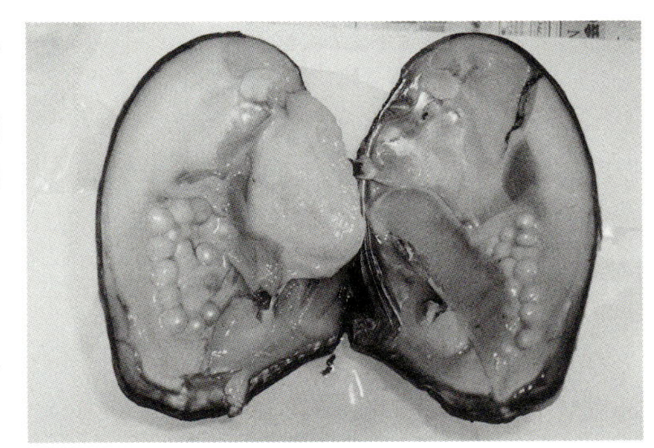
図34　ヒレイケチョウガイの外套膜にできている無核真珠群

スのみを挿入する養殖が主流です。１つの貝の左右の外套膜に合わせて20～40個のピースを挿入します（図34）。１年貝の薄い外套膜をやや大きめにカットしたピースを丸めて挿入することにより、球形率を高める技術改良が進んでいます(註10)。また、ピースと核を内臓に挿入する特殊な技術もありますが、難易度が高いといわれています。

④挿核手術の終わった貝は、養生用のタンクに１～２日間静置されたのちに、漁場へ移動されます。

⑤淡水真珠養殖では、貝殻にそれほど多くの付着物がつかないため、簡単な貝掃除を行いながら４～６年以上の長い間、浜揚げを待ちます。途上の生きたままの貝が売買され、養殖が継続されることも珍しくありません。

⑥浜揚げの際は、真珠の入っている軟体部を採取し、ミキサーに入れて真珠を取り出します。

⑦真珠を取り出した真珠袋に核を挿入し、有核真珠を養殖することもあります。

註10：１年貝のピースを使います。柔らかく、丸く整形するのに好都合です。

マベの真珠養殖の特徴

１）マベ半形真珠の特徴

半形真珠といえば「マベ」を指すほど、マベ半形真珠は半形真珠の代名詞となっています。しかし、アコヤガイ、シロチョウガイ、クロチョウガイ、アワビでも作られています（註11）。

マベ（図35）は赤紫に輝く貝殻を持ち、亜熱帯から熱帯の海の流れの強い場所に生息しています。その殻長は25センチ以上になります。マベの作り出す半形真珠の大きさは、15ミリを中心に20ミリを超えるものまで生産されています。真珠の色は白色、クリーム色、青色、金色が中心です。また核の形を変えることによって、円型、ハート型、ドロップなど様々な形を意図的に生産することができます（図36）。

註11：半円真珠という呼称は、生産特許時の経緯からミキモトのみに用いられます。一般的な呼称は半形真珠です。

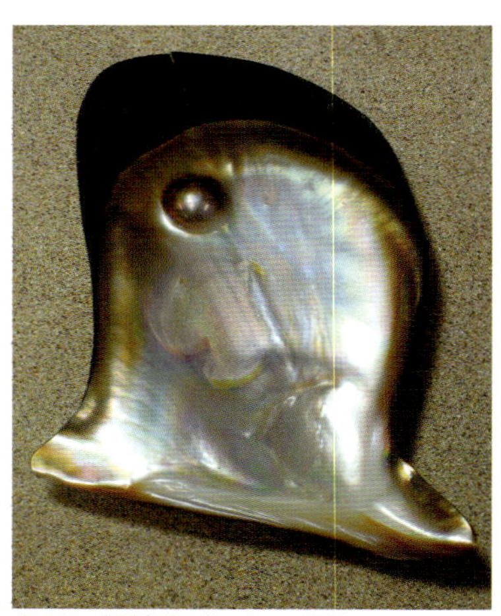

図35　半形真珠の付いたマベ貝殻

図36　様々な形のマベ半形真珠

2）養殖工程の特徴

①マベは天然貝の使用は難しく、人工採苗で稚貝から育成する方法がとられています。水槽内で受精した受精卵は、20日ほどで付着生活に入ります。
②稚貝を沖に出し、３年半～４年ほどかけて挿核可能な大きさに育てます。
③半形真珠の挿核手術には、ロウ石やシリコン樹脂でできた半球状の核を貝殻と

外套膜の間に挿入します。核の球面側が外套膜に接するようにして、平面の側を貝殻の内面に接着します。１つの貝に２～３個の核を張り付け、その表面に密着する外套膜から真珠層を分泌させ半形の真珠を生産します。

④沖出し後、貝掃除を頻繁に行いながら１年半～２年養殖します。

⑤浜揚げは冬に行います。まず貝を開き、貝殻内面に形成された半形真珠をコアドリルで切り抜きます。次いで核を取り除きそこへ樹脂を充填し、シロチョウガイの貝殻真珠層を整形して作った蓋で裏張りします。

マベ半形真珠の特徴は、形、まき、キズ、テリ、色に「高さ」が加わります。この高さを「山」といいますが、山が高いほど干渉色が強くなるとされ高く評価されます。また一部で真円真珠養殖が試みられており少量が流通していますが、生産が非常に難しいため半形真珠養殖が中心となっています。

アワビの真珠養殖の特徴

1）アワビ半形真珠の特徴

アワビ（図37）から採れる天然真珠は、三月堂の不空羂索観音（ふくうけんさくかんのん）の白毫と宝冠他、正倉院の御物等、古来日本の宝物の歴史に度々登場しますが、養殖となれば、半形真珠があげられます（図38）。

アワビの真珠層特有の虹に輝く緑色が特徴です。

国内では、東北地方宮城県で養殖されてきましたが、現在は長崎県の五島列島で、小規模に生産されています（サイズ：12～16ミリ）。

海外では、ニュージーランド海域での地産アワビで、日本産よりやや小ぶりのものが（サイズ：９～14ミリ）、貝肉養殖時の副産物的に生産されています。アワビ本体が高額であるため、その養殖が主となるためです。

その他では、メキシコ、アメリカ西海岸で同様のケースが散見されます。

最近では真円真珠への挑戦のケースも報告されていますが、運動性に富む一枚貝（巻貝）での難しさもあって、完全成功の報告は未だ入ってきていません。

図 37　アワビ貝殻

図 38　アワビ半形真珠　右：貝殻養殖時、左：成形後半形真珠

2）樹脂核注入と真珠層形成

アワビの貝頭頂部周辺に穿孔（せんこう）し、そこから貝内部に向けて核となる樹脂を注入します。この折、樹脂の量が過大となると、内なる臓器を圧迫し、貝を殺傷したり、成長を阻害することになります。体格とバランスよい大きさ（量）が求められます。

やがて、注入したやや半球状の樹脂核をアワビ真珠層が覆い、特有の濃淡緑色に輝く半形真珠が形成されます。

海外では、貝肉養殖を主眼とするため、樹脂核は小さく、浅い丘状になりがちで、「山」（半形真珠の高さ）は低く、高品質の出現率は高くありません（註12）。

註12：アワビ半形真珠の製品化手法はマベ半形真珠と同様です。

IV

構　造

マクロ的に見た真珠の構造

真珠養殖法の中枢的技術は、貝体内で真珠層を作らしめるところにあります。真珠の真珠たる所以はこの真珠層の物性にあるからです。

この真珠層を中心にして、その内部構造を見てみると、マクロ的把握とミクロ的把握の２つのとらえ方が真珠諸物性を説明するのに便利であることがわかります。

大多数の養殖真珠の基本断面図は、図39に示すように核と真珠層から成っています（註１）。より詳細には、a）真珠層表面、b）真珠層表層・中層・深層、c）真珠層と核の境界部、d）核、の４部位に分けられます。

着色法やその鑑別法などは真珠層表層、真珠層・核の境界部、あるいは核を対象に実施されており、観察もこれらの部位を対象としています。また数々の劣化現象なども主として真珠層表層・中層で起こる現象です。したがって真珠に起こる諸現象を研究する際は、常にこれら４部位を念頭に入れておかねばなりません。

註１　大多数の養殖淡水真珠やケシ真珠には核がありませんから基本的には真珠層のみから成っています。

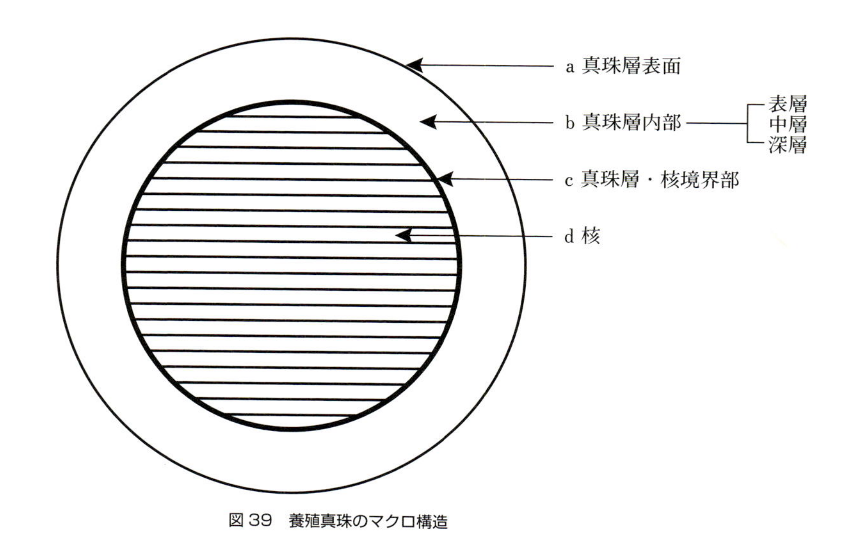

図 39　養殖真珠のマクロ構造

ミクロ的に見た真珠層の構造

真珠層は炭酸カルシウムのアラゴナイト結晶と有機基質（タンパク質）から構成されています。真珠層表面（図40）を100倍から5000倍まで拡大観察したのが図41～43です。アラゴナイト結晶の集合模様が100倍の拡大で、人間の指紋のように見えていますが、5000倍では個々の結晶が多角形として見えています。

図40　真珠表面の等倍観察

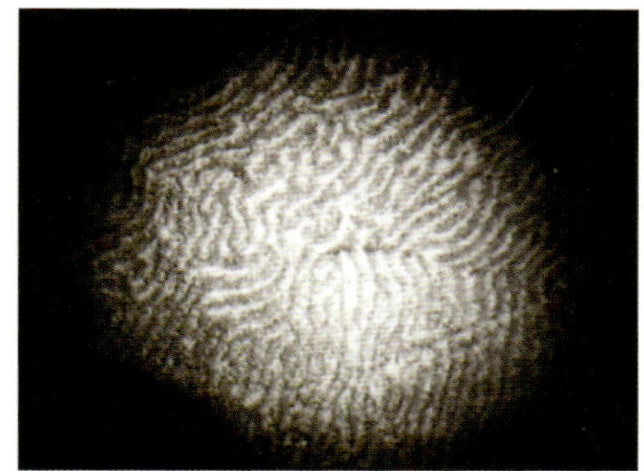

図41　真珠表面拡大（×100）

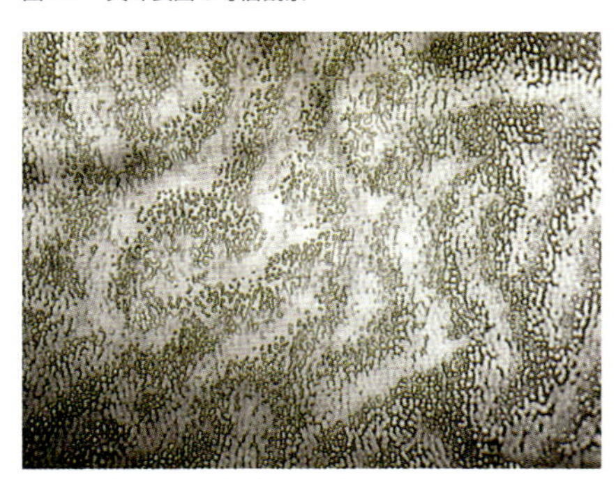

図42　真珠表面拡大（×400）

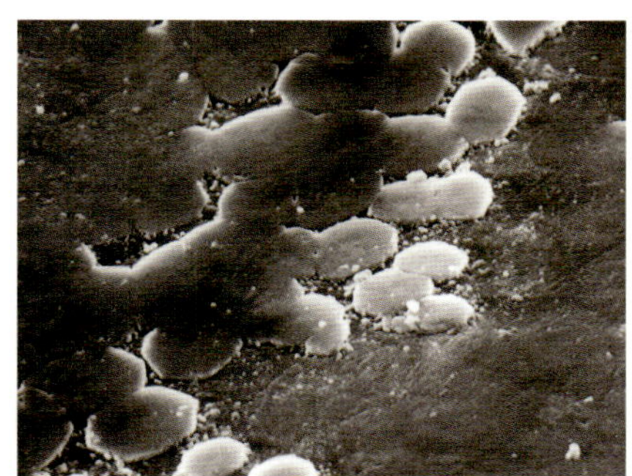

図43　真珠表面拡大（×5000）

真珠層断面の場合、アラゴナイト結晶の積み重なっている状態は、数千倍の高倍率下で観察が可能です（図44～47）。

図44　真珠断面の等倍観察

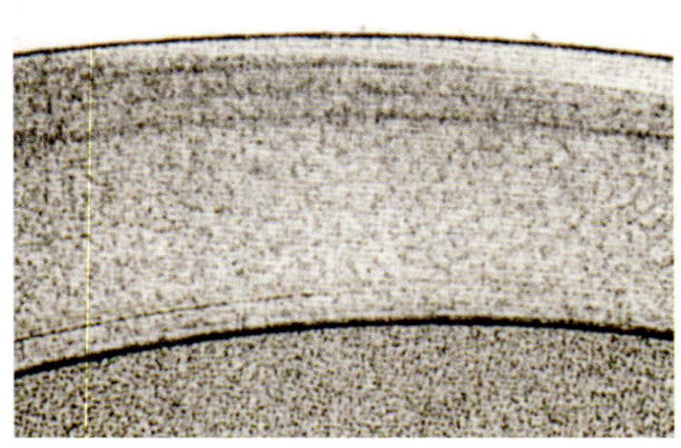

図45　真珠層断面拡大（×100）

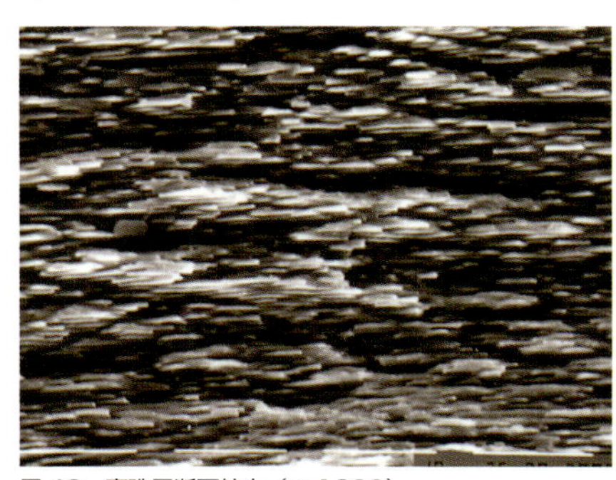

図46　真珠層断面拡大（×1000）

図47　真珠層断面拡大（×10000）

この断面構造を摸式化したのが図48です。有機基質は層間基質（interlamellar matrix）、結晶間基質（intercrystalline matrix）、結晶内部にある結晶内基質（intracrystalline matrix）（註2）の3つに分けられます。

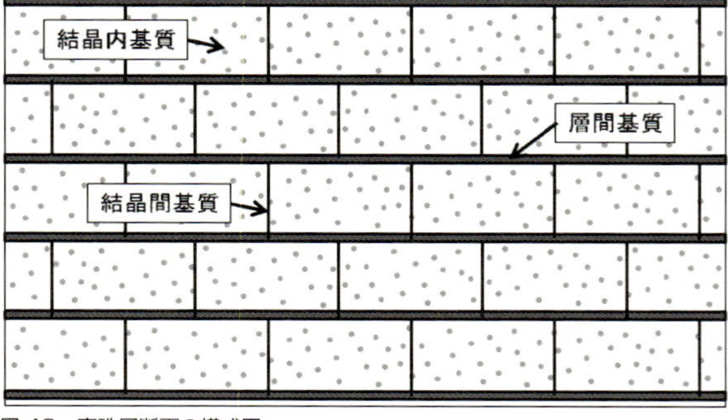

図48　真珠層断面の模式図

ここで最も重要なことは、アラゴナイト結晶の厚さが約0.2 μm（200nm）～0.5 μm（500nm）、層間基質が約0.01 μm（10nm）という「厚さ」にあります。結晶と層間基質をあわせて「結晶層」と呼ぶとして、その厚さがほぼ可視光の波長0.4 μm（400nm）～ 0.7 μm（700nm）レベルにあるということです。この厚さの結晶層が積み重なっていることが光の干渉現象（テリ）を起こさせる唯一の理由だからです。

次に重要なことは図49、50に示したように個々の結晶は、c 軸を薄板に垂直、b 軸を表面にほぼ平行に配位していることです。これにより各入射光が、すべての面で同じ屈折率で反射することを可能にしているからです。

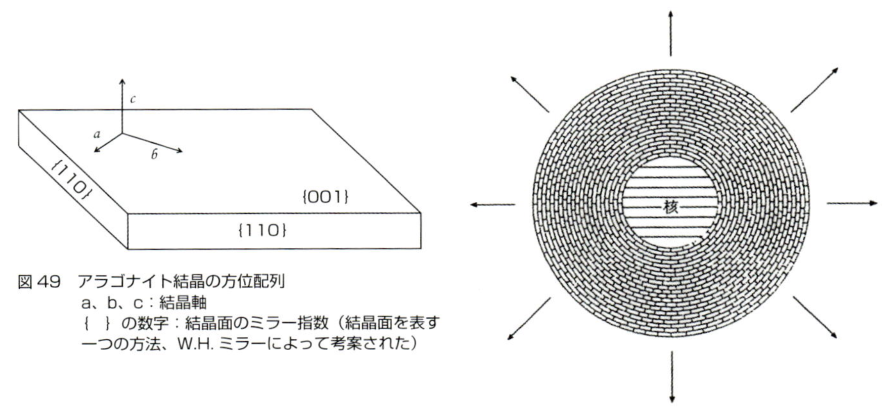

図49　アラゴナイト結晶の方位配列
a、b、c：結晶軸
｛ ｝の数字：結晶面のミラー指数（結晶面を表す一つの方法、W.H. ミラーによって考案された）

図50　真珠層でのアラゴナイト結晶の方位配列模式図

いまひとつこの構造から導かれる重要事項として実体色が挙げられます。具体的には層間基質に内包される色素様物質です。それぞれの母貝別に存在する各種色素様物質は、この層間基質に含まれています。結晶が数千層積層されて真珠層ができているとすれば、層間基質も数千層積層されているわけですから、その色調は顕著です。アコヤ真珠、シロチョウ真珠のイエローからゴールド、クロチョウ真珠の緑を帯びたブラックなどが典型です（図51）。

図51　種々の実体色・干渉色を持つ真珠

註2：渡部哲光著『バイオミネラリゼーション』(東海大学出版室 1997)

V

品質論

品質論概要

本章では真珠（註１）の品質に絞って若干の掘り下げを行ってみようと思います。まず総体的に見て３つの指摘事項を述べます。

註１：本論での「真珠」は養殖真珠を指します。

1）真珠にとって、非常に曖昧な言葉である「品質」

「高品質真珠の生産を目指す」「この真珠は品質が良いものです」等々、品質の良さを強調する表現が日常的に使われています。しかし真珠の場合、品質という言葉は非常に曖昧な言葉です。なぜなら品質はいくつかの品質要素から成る総称だからです。「テリ」「地色（実体色）」「まき」「かたち」「キズ」「面」等が主たる品質要素です（図52）。単に「品質が良い」では、テリが良いのか、キズが少ないのか、かたちが歪んでいないのか、あるいは品質要素のすべてが上位にあるのか、最も肝心な品質の内容が全く分からないからです。

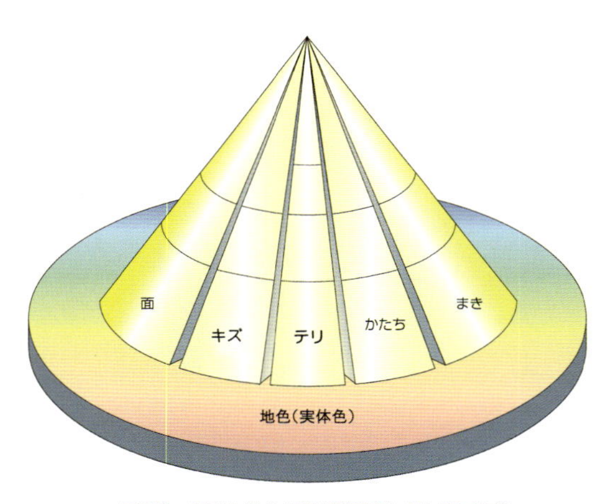

図 52　品質を構成する品質要素からなる三角錐

2）科学的把握が不十分である品質要素

上述した品質要素ですが、その科学的把握あるいは定義付けという点では一定の曖昧さを残したまま使用されているのが現状です。その端的な例として色とテリの場合を挙げてみましょう。

まず色ですが、一般のアコヤ真珠には３つの発生原理を異にする色が共存しています。

１つ目は地色（実体色）と呼ばれる一群の色です。養殖工程中に真珠内部に形成される有色物質による色です。その代表例は真珠層の層間基質や結晶間基質に存在する色素（註２）です（図53）。

図53　ゴールド系真珠断面拡大（×100）

２つ目はテリ即ち真珠層表層で起きる光の干渉現象による色です（図54）。干渉現象とは大雑把に言えば、「輝きを伴った色（色を伴った輝き）」です。この場合の色は干渉色あるいは構造色と呼ばれ、例えば虹に見られるように光が作り出したものです。

図54　左；アコヤ真珠、右：クロチョウ真珠

３つ目は人為的着色処理による色が挙げられます（「調色（ちょうしょく）」と呼ばれている）（図55）。この染料を使って薄くピンク色を加味する行為は、現時点では国際的にも了承されています。問題はこの３つの色及びその構成比等、品質分析等で明示する習慣やルールが全く存在していないということです。

図55　調色ムラのある真珠（再処理にまわされる）

テリについてはどうでしょうか。深刻なのは専門家のレベルでも、テリの発生メカニズムが大きな誤謬として放置されたまま提唱されていることです。一例を挙げますと真珠で起きる光の干渉が入射光の反射による干渉だけで論じられており、透過による干渉が存在しているにもかかわらず、無視されているのです。この問題は一定の難解さを伴っているのですが、新見解を含めて次項で詳しく述べたいと思います。

註２：真珠内の諸色素については構造式までは未解明。正確には色素様物質と称します。

3）品質要素間の順位付けについて

真珠の品質を構成する各品質要素間の関係についても考究する必要があります。「テリ」「色（実体色）」「まき」「かたち」「キズ」「面」等の各品質要素が対等関係にあるのか、それとも一定の順位付けに基づいた関係にあるのかということです。

価格設定の場合ですが、サイズや相場を反映するようにしていますが、基本的考え方は図56に示すように品質要素間は対等関係をベースにしているのが実態です。

価格設定は実態として、この品質分析の順位付けについては「なぜ真珠は宝石になりえたのか」という真珠の宝石成因論とも言うべき発想と切り口からの検討が必要だと思います。

色（干渉色＋実体色）とまきの相関（指数）

	厚まき	中まき	薄まき
ピンク	100	80	60
クリームピンク	85	65	50
ホワイト	40	25	10
グリーン	30	20	10
イエロー	25	10	5
ゴールド	35	15	-

キズとかたちの相関（指数）

	ラウンド	セミラウンド	ドロップ	バロック
無	100	75	30	15
少	80	65	25	10
中	70	45	20	5
多	40	30	15	5

テリ〈輝きの部分〉の指数

〈輝き〉	指　数
強	100
中	75
弱	45

図56　品質要素と価格の相関（指数表）の一例

例えば筆者等は「真珠はテリがあったからこそ宝石になりえた」という仮説を持っています。太古の人たちが貝類（例えばアワビ）を食料として食べていた時、偶然に真珠が出てきたことを想像して下さい。「綺麗なものが出てきた」として感動したでしょうか。否です。むしろ畏怖的なものとして、例えば竜神の権化物として恐れおののいたのではないでしょうか。かつて日本では鶏小屋の周りにアワビの貝殻を沢山ぶら下げたそうです。いたち避けです。月明りでキラッと光るアワビの真珠層の輝きに動物が畏怖を感じ、退散することを経験的に知っていたからです（図57）。

図 57　貝殻の輝きは動物に畏怖を感じさせる

この畏怖を感じる物体がその後の歴史的変遷を経て、例えば、一地域の守り神としての存在物→地方の覇者の権威付けとしての存在物→広域地方（あるいは全国）の支配者の装身具を飾る存在物、即ち「宝石」になりえたという仮説を描いています。

従って筆者等は品質要素の中で「テリ」を最重視する考えを持っています。具体的一例として図58に示すように、品質最高値を100％として、「テリ」30％、「キズ・面」25％、「かたち」20％、「まき」15％、「連相」10％にする一種の按分比方式を構想しています。

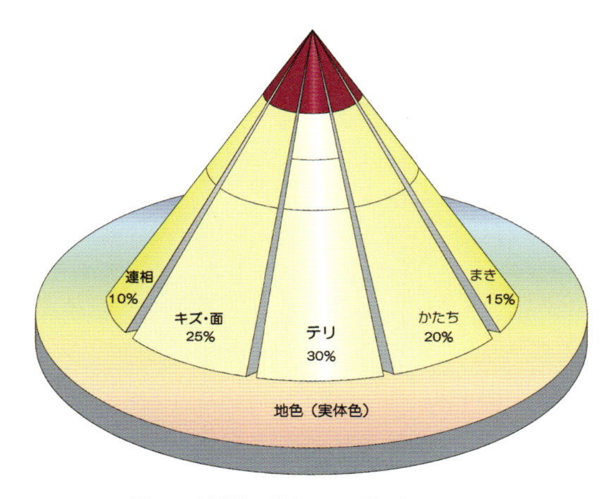

図 58　按分比を考慮した品質要素から成る三角錐

品質要素論ー構造、成因との関連

1）テリ

①目視レベルでの奥深さ

テリは真珠表層で起きる光の干渉現象です。しかし私たちが見慣れている光の干渉現象、例えば孔雀の羽や貝殻真珠層あるいは玉虫や黄金虫などの羽とは異なって、球体の真珠層で起きる光の干渉現象です。この点に力点を置いた理論解明がされていないこともあって、真珠を最も厳密に観察している加工工場の現場でも独特の表現でテリの良さを言い表わそうとしています。例えば「赤みが出ている」「カチッとしている」「すっとしている」「透明感がある」「自分の顔がよく写る」等々の言葉は、「テリ」という複雑な光学現象のいろいろな側面を経験的・感覚的に掌握した、一定の重さを伴った言葉だと思います。

②テリと養殖工程との関係

テリが養殖工程の終盤期で決まることはこれまでの現場での経験を通して知られています。浜揚げが12月から１月にかけて実施されているのも、この経験を活かしているのです。化粧まきといって終盤の10月頃以降、別な漁場（化粧まき漁場）へ貝を移動させるのもこの経験則に基づいているのです。現在でも養殖現場では、各人が自分の経験から割り出した「テリを出す秘策」、例えば「貝掃除を控える」「浅吊りをする」「マイクロバブルをかける」等々を行って

図59　上は市販のダイクロイックフィルター、下は真珠層を薄片化しガラスに貼ったもの

いるようです。

一方この分野での研究報告は僅少です。筆者等の論文（註３）では、テリを色という側面と輝きという側面に分け、「色を支配する結晶層の厚さは生殖腺の成熟状態と一定の相関を有し、輝きを支配する結晶層の積層の整然性は生殖腺の成熟状態や貝の活力状態と一定の相関を有す」と報告しています。

③テリのメカニズム

テリが真珠層で起きる光の干渉現象であることは以前より専門家の間で一致していることです。しかしこれ以上掘り下げた追究はされていません。掘り下げるためには、従来の諸研究が触れていない以下の３つの事実を考慮しなければなりません。

(i) 真珠層の持つ「ダイクロイック・ミラー機能」から、真珠における光の干渉現象を捉え直すこと。

(ii) 平板とは異なる「球体」という真珠の形態から、この光の干渉現象を捉え直すこと。

(iii) 構成成分であるアラゴナイト結晶の「c 軸はすべて垂直方向に配向、b 軸は核を中心にして同心円状に配向して積層されている」（図49、50）という結晶構造面から光の干渉現象を見直すことです。

ダイクロイック・ミラー機能とは、多層膜では入射光を反射の干渉と透過の干渉に分ける性質があり、それぞれの干渉色は補色関係になっている（註４）ことを指します。

貝殻真珠層を切り出し、薄片化して、45度の入射角で白色光をあてると、反射側に反射干渉光が、透過側に透過干渉光が現れます。市販のダイクロイック・ミラーと比較して、真珠層薄片が同種の機能を持っているのが分かります（図59）。

ホワイト系アコヤ真珠（球体の真珠層と見なします）の上方から蛍光灯で照射したのが図60です。真珠全体に、厳密に言えば光源像の周囲に現れている緑色とそれを取り巻くように現れている赤紫色が透過の干渉色です。さらに光源像も輝きが強くて一見白色のように見えますが、仔細に観察すれば光源像に沿って赤紫色のラインが見えます。これが反射の干渉色です。平板のダイクロイック・ミラーと異なり、球体である真珠は球面鏡として働き光源像を映し出します。この色は真珠と光源との角度（入射角度）によっ

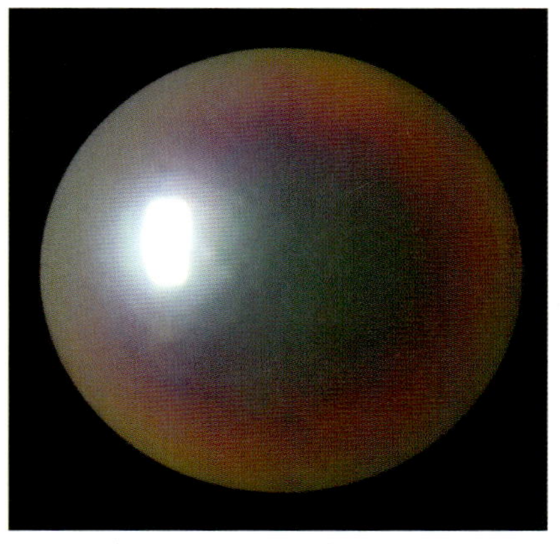

図 60　黒布の上に置いたアコヤ真珠（球全体に透過の干渉が現れている）

て異なってきます。

全入射角の色を見るには、真珠を拡散光源に接触させれば、半球毎に干渉色を見ることができます。図61、62は、この方式で撮影した真珠の全体像とその模式図です。上半球に透過干渉色が、下半球に反射干渉色が現れています。透過と反射が入射角度毎に補色関係となって現れているのが分かります。

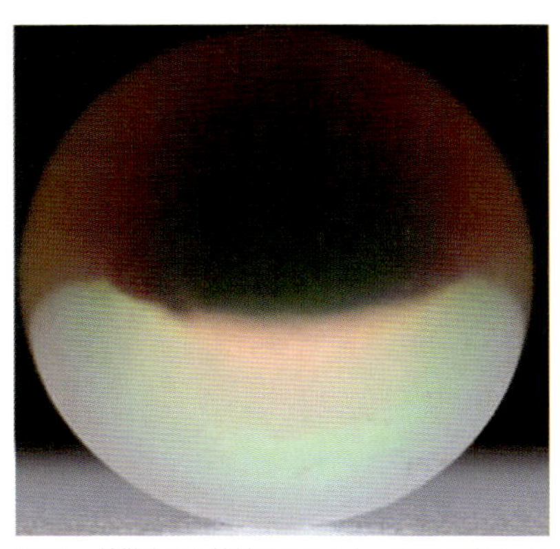

図 61　拡散光源に接触させると上下半球に透過・反射の干渉色が全入射角毎に現れている

図 62　図 61 の模式図（式 1、2 より算出）

アラゴナイト結晶のｃ軸（図49、50）が垂直に配向していることは、図63に示すように、真珠のすべての面で各入射角に対応した各干渉色が観察し得るのです。

反射の干渉における各入射角毎に現れる干渉色は、図64から導かれる式１と式２で算出が可能です。

$n\lambda = 2d\mu\cos\theta$……式１

n ：干渉の次数（１、２……）

λ ：強められる光の波長

d ：結晶層の厚さ

μ ：結晶層の屈折率（1.68）　$\mu = \sin\phi / \sin\theta$……式２

θ ：屈折角

ϕ ：入射角

式１の右辺での変数はｄとθですが、dは真珠層を切断し、表層部50 ～ 100μm を走査型電子顕微鏡（略称 SEM）で拡大すれば数値化が可能です。屈折角（θ）は各入

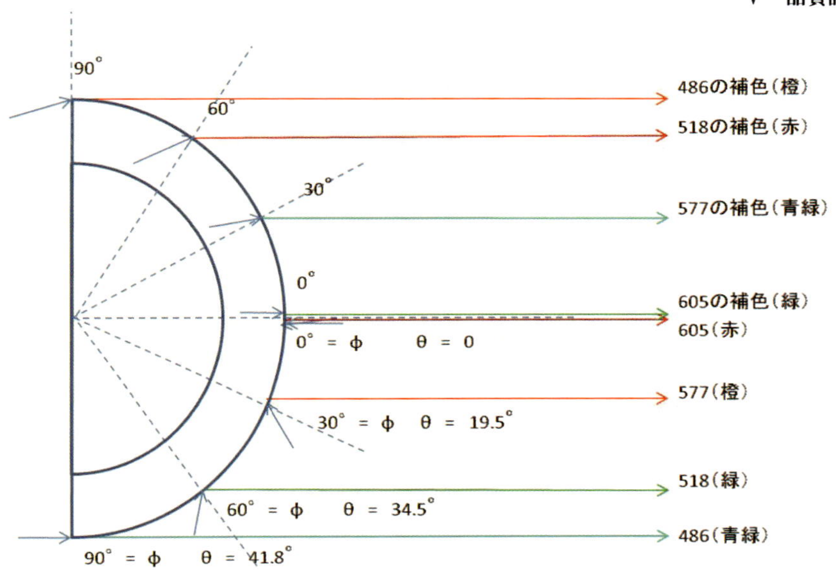

図 63　図 61、62 の計算による模式図

射角（0 ～ 90度）毎に式２を使って算出が可能です。

透過の光は、真珠層内部で一旦拡散され、透過の干渉色として全球面から出ていきます。また透過干渉色は上述反射の干渉色の補色ですから色相環（図65）を使って描くことが可能です。

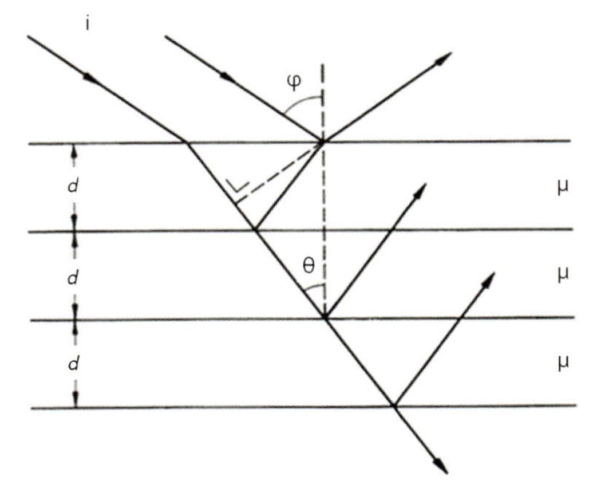

図 64　真珠表層部での反射干渉が起こる模式図

図62、63で示したように真珠の上下半球には、入射角毎の透過・反射の干渉色がかなり規則的かつ鮮明に現れますが、その理由のひとつに真珠層構成アラゴナイト結晶が、c 軸を薄板に垂直あるいはこれに近く配位し、b 軸は表面にほぼ平行に配位していることが挙げられます（図66、67）。これにより各入射光が、すべての面で同じ屈折率で反射することが可能だからです。

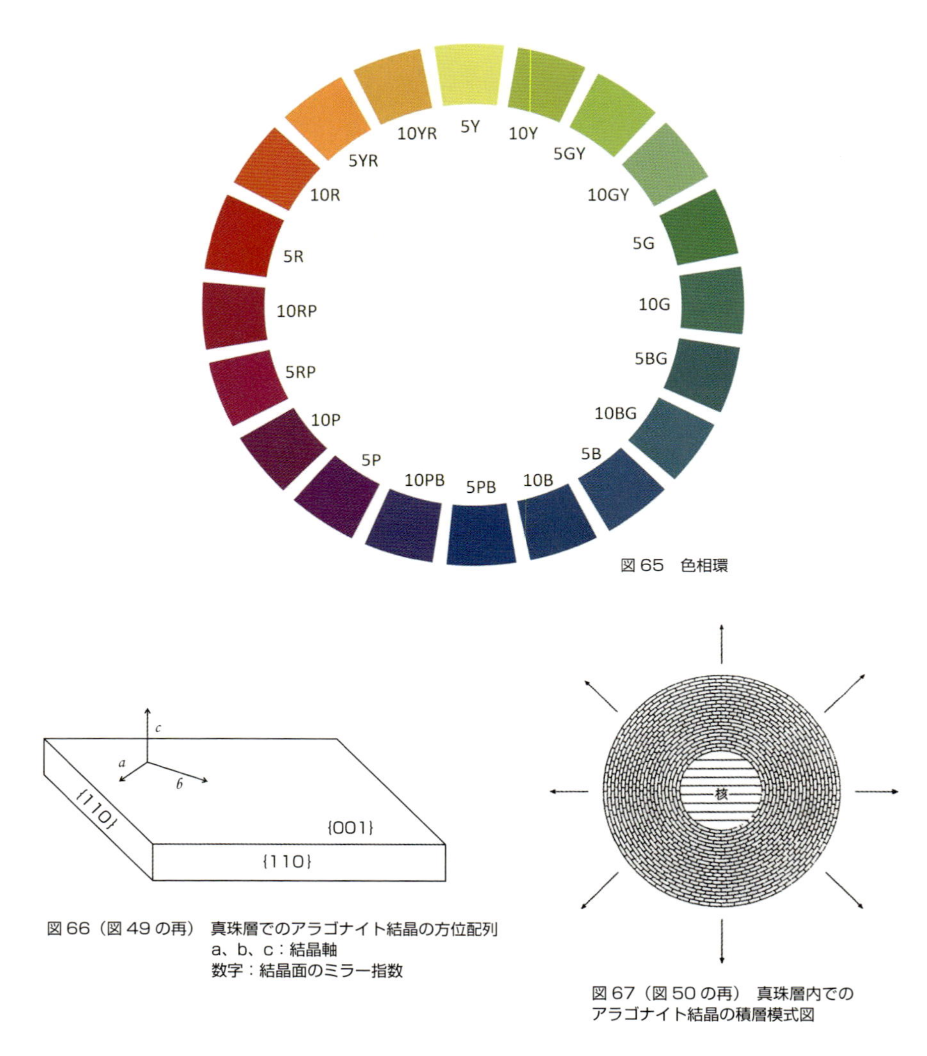

図65　色相環

図66（図49の再）　真珠層でのアラゴナイト結晶の方位配列
a、b、c：結晶軸
数字：結晶面のミラー指数

図67（図50の再）　真珠層内での
アラゴナイト結晶の積層模式図

真珠表層で起きる光の干渉現象は、発現する透過･反射の干渉色に絞ってみますと、式１、２で示したように結晶層の厚さと、真珠層に入射する光の角度によって異なってきますが、マクロ的に分類しますと３つのパターンに分類できます。その典型例を図68に示します。また干渉現象の強弱は、結晶層の積み重なり方の整合性、換言すれば、いかに乱れなく積み重なっているかによって決まります。

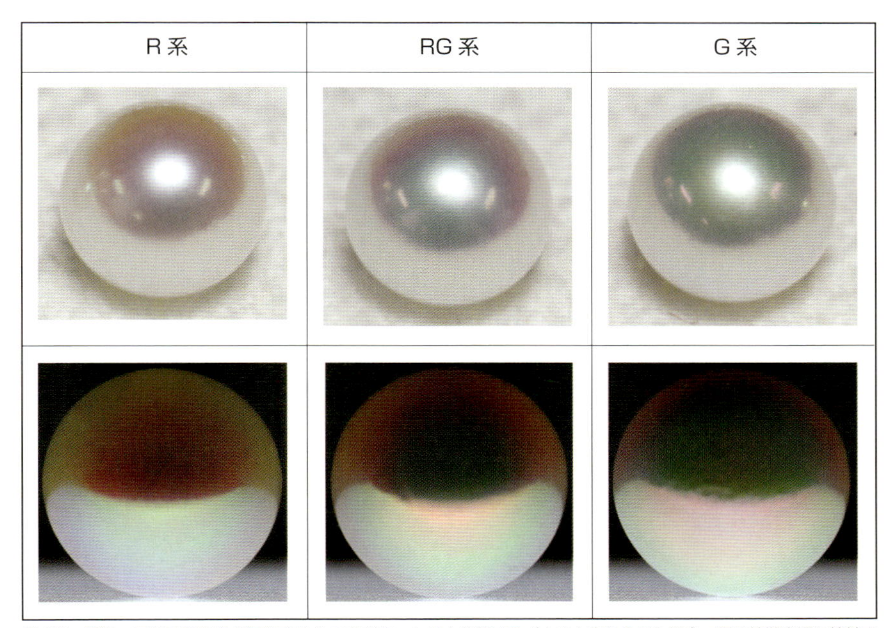

図68　透過・反射の干渉色の現れ方を３つのパターンに大分類する（上は上方から見た場合、下は拡散光源に接触させて垂直方向から見た場合。R：レッド系、RG：レッドグリーン系、G：グリーン系）

④テリの測定

テリの解明及び測定については以前よりいくつかの試み（註５）がなされてきました。しかし前述したようにテリのメカニズム解明が不十分なこともあって、未だ完全実施には至っておりません。測定への切り口については、重点を輝きに置いた方法と干渉色に置いた方法が考えられます。以下両者の現時点での到達点概要を記します。

（1）光源像からのアプローチ

本方法については熊本大学の相田貞蔵教授（当時）の系統的な研究（註６～10）があります。その論文（註11）の一部を以下紹介します。

「JIS には鏡面光沢度、対比光沢度、鮮明度光沢度が規定されており、また、いずれの光沢測定法を利用するかは物体表面の特徴を考慮して選定すると示されている。(中略) 真珠の光沢感は映像の鮮明度に強く影響されるので、Al および Al 合金の陽極酸化膜の像鮮明度測定法を参考にして、真珠表面の映像部からの反射光強度分布を測定し、同分布より鮮明度を評価する方法を研究した。

その装置の構成を図69に示す。角度θは25度、光検知部は電荷転送素子（CCDラインセンサー）とオシロスコープから成る。同装置による商品真珠の反射光強度分布の一例を図70に示す。同図より波高値I_0と半値幅Wを求めて光沢度G_{ID}を次式のように定義した。

$$G_{ID} = I_0/W$$

図71にG_{ID}と心理的光沢度（註12）Gphの関係を示す。G_{ID}はGphに大体比例する。」

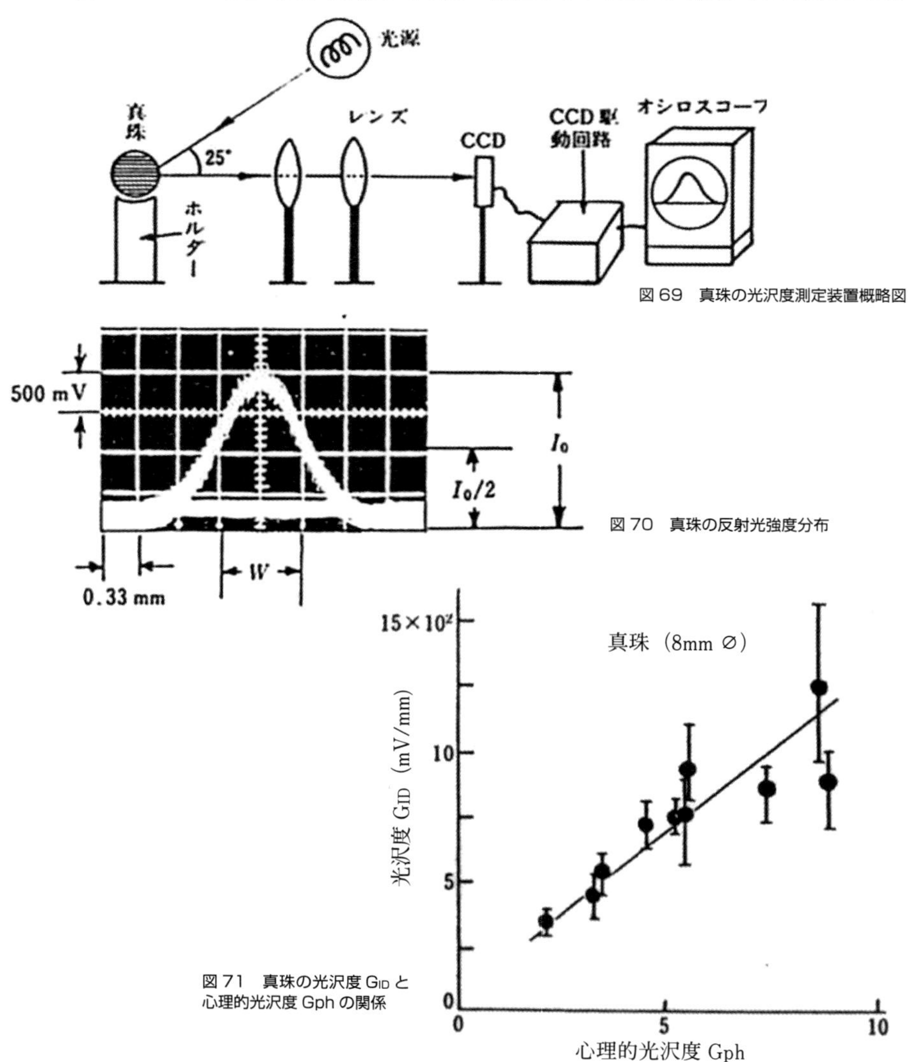

図69　真珠の光沢度測定装置概略図

図70　真珠の反射光強度分布

図71　真珠の光沢度G_{ID}と心理的光沢度Gphの関係

相田先生からご指導を頂きながら上述測定方法を図72、73のように改良しました。

この図72、73に装置概略図、測定装置図を示しましたが、光源には蛍光灯を用い、光源像が真珠の頭頂部に映るように光源と真珠との距離を設定します。

頭頂部光源像の中心部分を測定域とし、頭頂部から反射された光をＣＣＤカメラ（株式会社ＪＡＩコーポレーション製）で受光し、その画像出力信号は画像処理されて（256階調度)、図74に示した反射光輝度分布曲線が得られます。この図で反射光最大輝度値Ｙ max は、頭頂部に映る光源像中心部の反射光強度（輝度強度）であり、テリが強い程Ｙ max が大きく、半値幅Wは透明度にほぼ対応し、小さくなります。

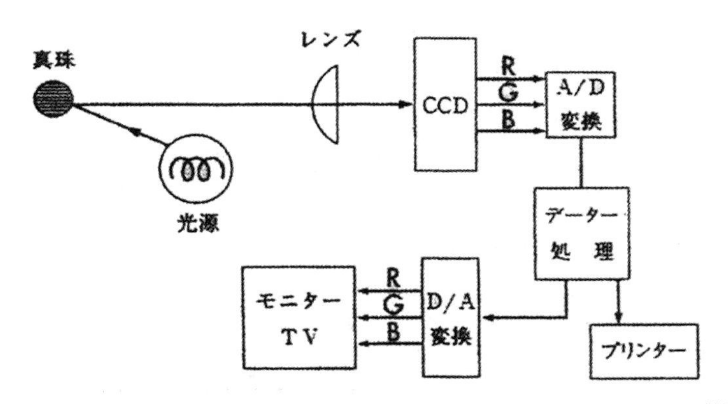

図 72　装置概略図

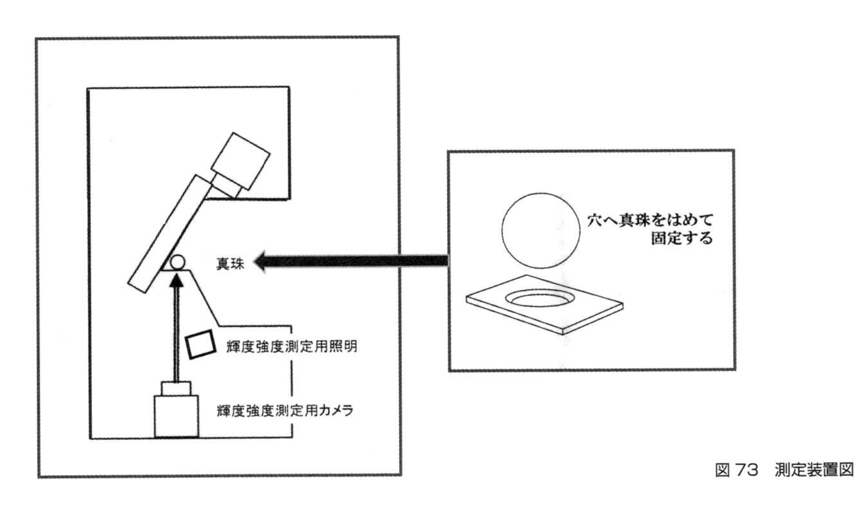

図 73　測定装置図

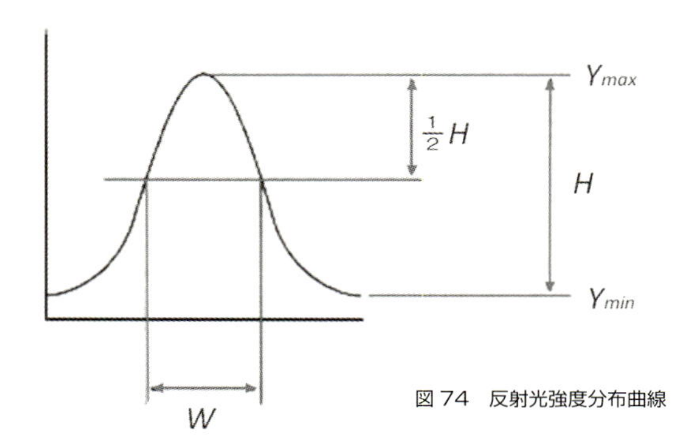

図 74　反射光強度分布曲線

習熟者による目視評価で厳選したテリ測定用マスターパール５種（図78）の反射光最大輝度値（Ymax）、半値幅Wを測定しました。結果は図78-1に示しましたように、反射光最大輝度値（Ymax）が、目視評価の結果に対応しています。

（2）干渉色からのアプローチ

2012年から取り組んでいる新たな測定法です。図75に示したように前述した拡散光源装置に真珠を接触させた時観察される反射の干渉色（下半球）、透過の干渉色（上半球）がテリの強さによって、現れる色相、彩度、明度が異なることに着目した測定法です。

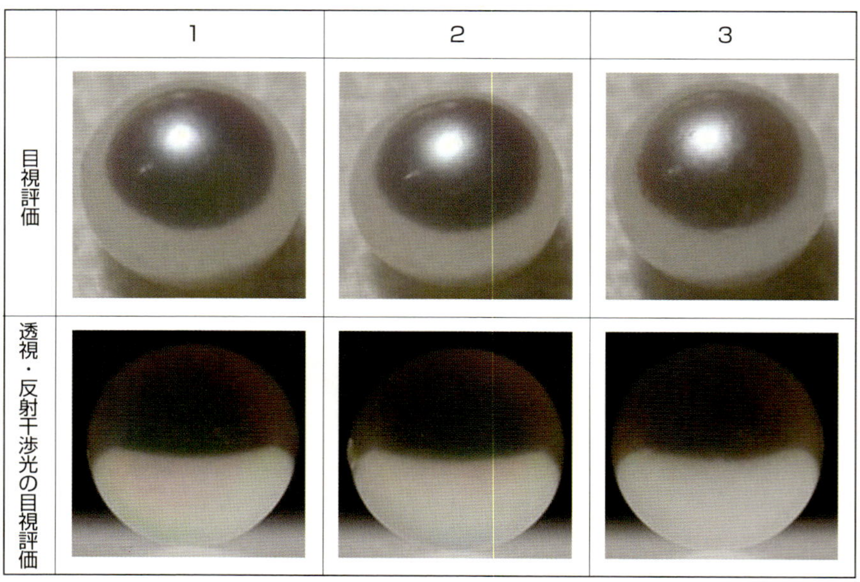

図 75　テリの違い３種（左より強、中、弱）のアコヤ真珠（上は上方より撮影、下は拡散光源に接触させて水平方向から撮影）

先ず熟練者による目視観察で、テリが良好な直径7.0 ～ 7.5ミリのアコヤ真珠を干渉色の発現パターンからＲ系、ＲＧ系、Ｇ系の３つに分類します。そしてそれぞれの系３個を１セットとして、テリの強度から５段階に分類し、それを「マスターパール」（図78-1）とします。

次にそれらのマスターパールを拡散光源装置内に設置し、その上下半球に現れる透過・反射の干渉色をカメラで撮影、画像化します。撮影条件は一定とします。得られた画像を以下のように分析し数値化します。

系統分類

★領域

上下半球を、系統別に分類するために最も良く特徴が出現する３つの領域に注目します(図76)。

★３つの系統分類（R系、G系、RG系）の方法

(i) 領域Aに現れる黄色、領域Bに現れる緑色の割合を判断し、R系を特定します（詳細な基準を設定している)。

(ii) 次に、領域Cに現れる緑色と赤色の割合を判断しG系を特定します（詳細な基準を設定している)。

(iii) 最後に、R系、G系に特定されなかったものをRG系とします。

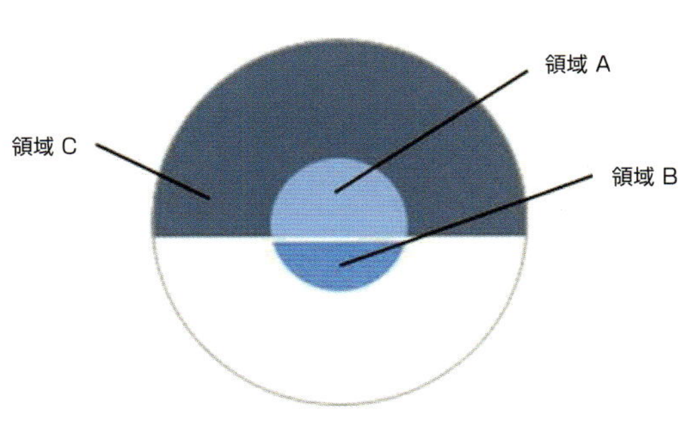

図76　系統分類のための３つの領域

グレード評価

★領域と干渉色

上下半球を各々周縁部、中間部、中央部の3つの領域に分けます(図77-1)。そしてR系、RG系、G系毎に現れる干渉色を図77-2に示すように指定します。

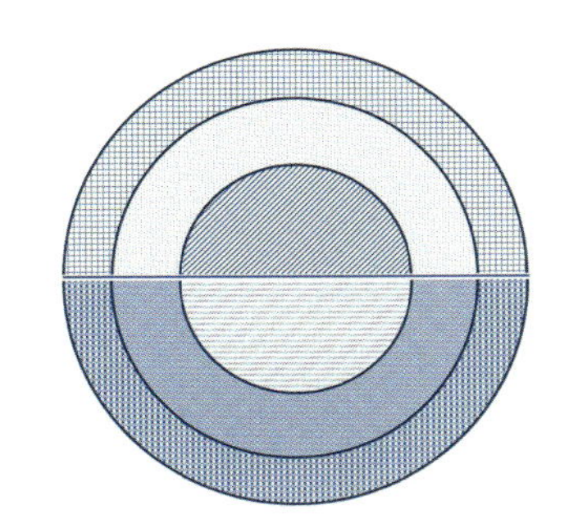
図77-1　系別領域指定

領域	パターン	R系	RG系	G系
上半球 中央部		赤	緑	緑
上半球 中間部		赤と黄	緑と赤	緑
上半球 周縁部		黄	赤	赤
下半球 中央部		薄青	赤紫	赤紫
下半球 中間部		薄青と紫	赤紫と緑	赤紫
下半球 周縁部		紫	緑	緑

図 77-2　現れる干渉色

グレード評価法

(i) 多数のマスターパール画像分析を行い、系統の色特徴を踏まえ、上下半球の各領域画像より、ピクセル数（色相）・彩度・明度からグレード数値を算出します。

(ii) 次に、上下半球でそれぞれ算出された数値を合計します。さらに熟練者が真珠鑑定を行う際に重要視する領域の重み付けなど、目視評価のノウハウを活かした処理を加えます。

(iii) マスターパールの分析数値と比較され、評価がなされます。

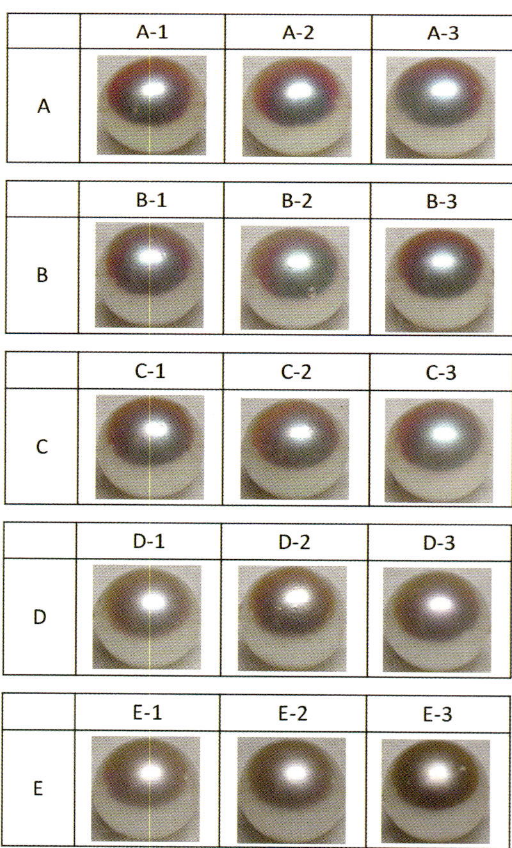

図 78-1　２種の測定に供したマスターパール５種（強から弱へ、A ⇒ E）

測定結果

図78-1は、２つのアプローチ（「光源像」及び「干渉色」）

による2種の測定法に供したマスターパール群の、上方からの撮影像です。

図78-2に光源像の輝度分布曲線から算出した最大輝度値（Ymax）、半値幅（W）を示し、図78-3に上下半球に現れた干渉色の数値化を示します。結果は、2つの表共目視評価の結果に対応しています。

	Ymax	W	Ymax平均値
A-1	79.77	9.78	
A-2	81.15	10.33	78.39
A-3	74.26	10.55	
B-1	70.69	10.36	
B-2	70.26	10.61	72.53
B-3	76.65	10.00	
C-1	71.63	10.81	
C-2	75.16	9.44	71.29
C-3	67.09	10.41	
D-1	62.04	11.22	
D-2	71.87	11.84	68.54
D-3	71.71	10.95	
E-1	60.73	11.02	
E-2	59.19	11.83	61.22
E-3	63.73	10.91	

図 78-2 （測定は 1 個につき 10 個所の平均値）

	上半球		下半球		全球合計	平均値
	周縁部	中央部	周縁部	中央部		
A-1	278.64	150.92	124.52	58.79	612.87	
A-2	248.32	61.43	133.91	44.07	487.73	506.63
A-3	133.56	97.21	140.65	47.88	419.30	
B-1	121.00	97.51	95.87	29.97	344.35	
B-2	136.06	140.25	83.07	29.65	389.03	399.26
B-3	187.24	135.63	112.08	29.45	464.40	
C-1	66.47	89.81	83.46	16.53	256.27	
C-2	148.74	53.31	106.66	22.94	331.65	294.06
C-3	111.32	43.74	103.84	35.36	294.26	
D-1	3.19	22.58	84.05	17.76	127.58	
D-2	3.71	66.37	65.87	4.76	140.71	123.37
D-3	21.73	3.14	65.71	11.25	101.83	
E-1	12.45	0.48	54.74	7.30	74.97	
E-2	5.04	6.42	77.85	18.43	107.73	91.15
E-3	1.71	0.91	76.38	11.76	90.76	

図 78-3 （干渉色が最も濃く出ている個所を撮影、画像分析した）

注３：小松博、他「てりと生殖腺の相関についての研究、その２」『真珠の雑誌 63』、10 月（2004）
注４：ダイクロイック・ミラーは、屈折率の異なる誘電体の多層膜により、可視光の一部を選択的に反射し、反射光の補色成分を透過させる色分解フィルターを言います。
注５：著者等が参考にした文献は以下の通りです。
（１）Hooke,R.:Micrographia and Physiological Descriptions of Minute Bodies Made by Magnifying Glasses with Ovservations and Inquiries Thereupon,（1665）
（２）Newton,I:Optics:Or a Treatise of the Reflection ,Refraction, Inflections, Colours of Light,（1704）
（３）Lord Rayleigh:On the light from the sky, its polarization and colour（1871）
（４）Brewster, D.:Treatise on Optics,（1854）
（５）大森啓一『真珠の内部構造と色及び光沢』地質学雑誌、54、631 － 633（1948）
（６）和田浩爾『真珠形成機構の生鉱物学的研究』国立真珠研究所報告　8 月（1962）
（７）金井正邦『真珠の色に就いて』『同（続）』応用物理、26、203 － 206（1957）、27、473 － 481（1958）
（８）長浜昌弘『光沢のある物体の色評価』1995 光計測シンポジウム論文集（1995）
（９）長田典子『光のにじみと干渉に着目したビジュアルシミュレータの実現』電気学会論文誌 C、電子・情報・システム部門誌、9 月（1997）
（10）緒明祐哉『多様なバイオミネラルに材料合成をならう』化学と工業、64、9 月（2011）
本レポートによると、アラゴナイト結晶そのものが 100nm 以下の「ナノ結晶」を構成単位とし、高分子を複合しながら結晶方位をそろえた構造を作り、マクロな形態を形成することが解明されています。
（11）和田浩爾『真珠形成機構の生鉱物学的研究』国立真珠研究所報告　8 月（1962）
（12）内田洋一、上田正康「真珠の層状構造と iridescence に就いて」生理生態 1 － 3、69 － 71（1947）
注６：相田貞蔵他『真珠の相対分光反射率の相補性とそれに基づく真珠の色分類方針の検討』熊本大工学部研究報告、37、3 月（1988）
注７：相田貞蔵他『透過拡散反射光による浜揚げ真珠の色分類システムの基礎研究』熊本大学工学部研究報告、38、1 月（1989）
注８：相田貞蔵他『浜揚げ真珠の色分類システムの改良』熊本大学工学部研究報告、38、1 月（1989）
注９：相田貞蔵他『表面反射光による白色系真珠のホワイト、ピンク、グリーン真珠への色分類システムの試作』熊本大学工学部研究報告、38、2 月（1989）
注 10：相田貞蔵他『光沢発生要因の考察とその真珠光沢度測定装置開発への応用』熊本大学工学部研究報告、38、2、（1989）
注 11：相田貞蔵『真珠の光沢』光学、15、3 月（1986）
注 12：N 個（または組）の試料を P 人に光沢の大きい順位に並べてもらい、光沢順に N、N － 1、…、1 点を与え、各試料ごとに 総得点を求め、総得点を P で割って平均を求め、各平均点をそれぞれの心理的光沢度 Gph とします。

２）キズと面

養殖工程で生成するこの２つの品質要素の程度（良し悪し）は、目視評価にほぼ依存します。従ってメーカー各社の社内基準や観察者の熟練の度合い等によって、その程度は微妙に異なってきます。

①キズ

ここで論じる「キズ」は、主として養殖工程でできる、真珠表面上のキズを指します。また真珠製品のネックレスを主対象としております。

（１）キズの基本的形態と構造

大別してキズの形態は、凸型、凹型の2種類に分けられます。また成因として、真珠層以外の分泌物、例えば稜柱層や有機物等の影響によるものが大部分を占めています。凹型のキズには、生物溶解とも呼ぶべき、生理的緊急時での、真珠そのものから貝体内の真珠袋構成上皮細胞がカルシウムを摂取したと思われるケースもしばしば見られます。

凸型キズ

図79に典型的凸型キズを示しました。このキズの大きさや高さ、形は多種類に及びます。図80にその断面を示しました。キズ内部に非真珠層（有機物や稜柱層）があるのが分かります。図81に示しましたが、これらの非真珠層はキズ生成時に分泌される場合もありますが、数カ月前に生成した影響で、凸型キズができる場合もあるのです。

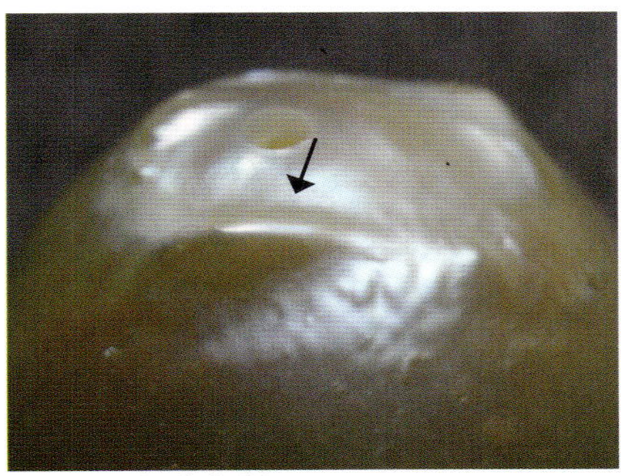

図 79　凸型キズ（矢印）

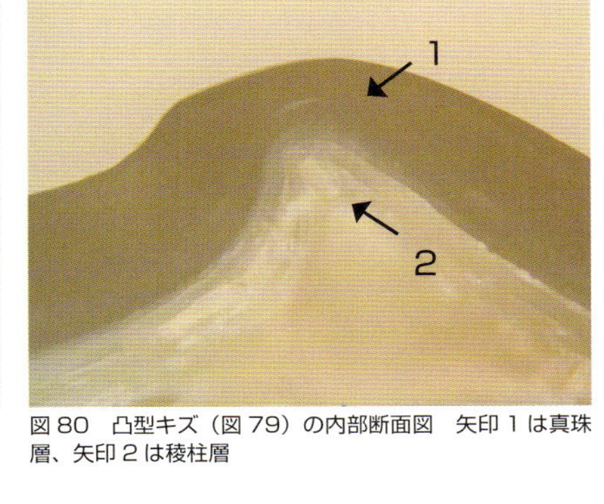

図 80　凸型キズ（図 79）の内部断面図　矢印 1 は真珠層、矢印 2 は稜柱層

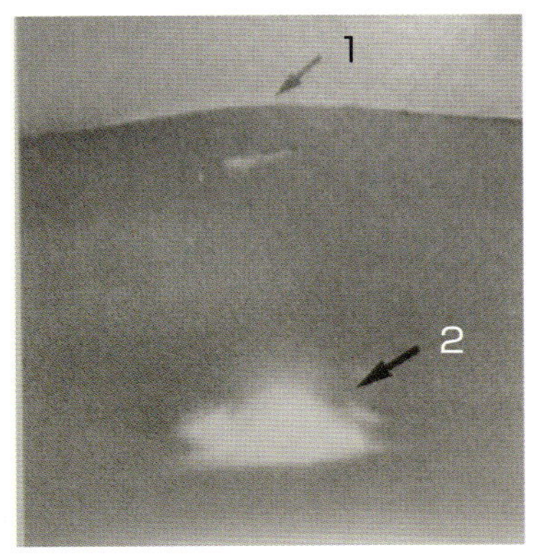

図 81　わずかな突起（矢印 1）は数カ月前に発生した稜柱層（矢印 2）の影響によるものと分かる

凹型キズ

図82、83に典型的凹型キズを２種類示しました。図82はキズの底部が稜柱層、図83は底部が真珠層でできています。また、図84に拡大して示しましたが、数カ月前に生成した稜柱層が凹型キズになっている場合があります。

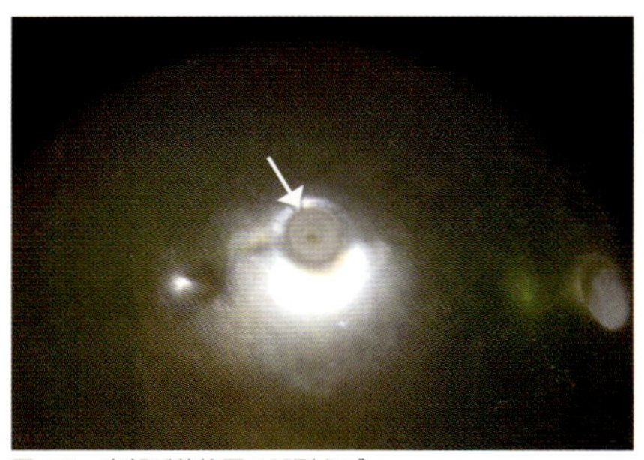

図 82　底部が稜柱層の凹型キズ

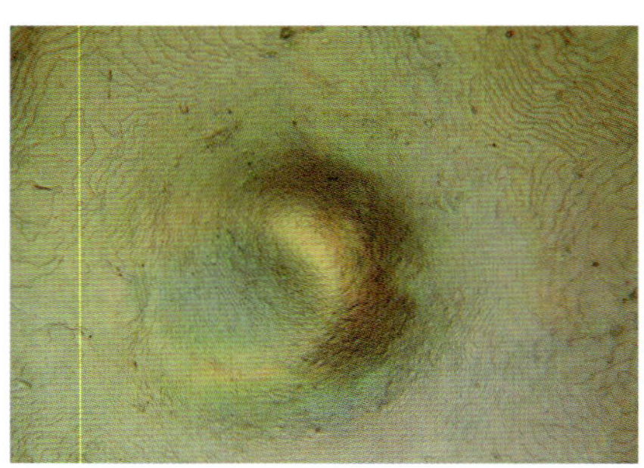

図 83　底部が真珠層の凹型キズ

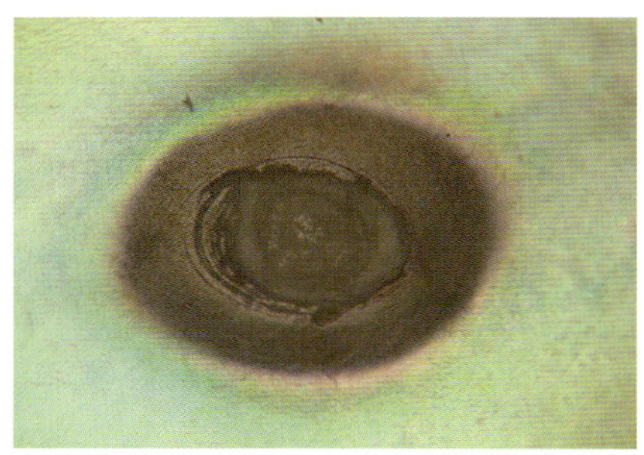

図 84　稜柱層が凹型キズになったケース

生物溶解でできる凹型キズ

図85、86にこのキズの典型を示しました。図87、88はこのキズの表面の拡大図及び断面図です。酸性水溶液での溶解による浸蝕とは形態が異なります。前者の溶解の場合、「すり鉢型」と言うべき表面付近は直径が大きく、深くなるにつれて直径が小さくなります。生物溶解では錐（きり）で孔をあけたように、表面も内部も直径はほとんど変わりません。上皮細胞による溶解の特長です。

経年変化

真珠のキズが、その成因を考える時、稜柱層や有機物等真珠層以外の分泌物と深くかかわっているということは、真珠の経年変化を考える上で重要です。

それはキズそのものの変化と関係してきますし、キズ周辺の真珠層の変化にも関係してきます。

キズ及びその周辺の崩壊

キズの内部及び周辺に稜柱層がある場合、稜柱層はその構造および成分から乾燥

図 85　表面に微小なキズが散在する凹型キズ（× 10）

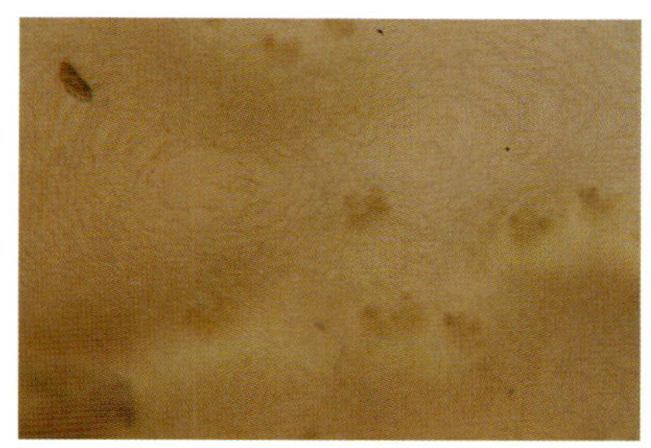
図 86　表面に比較的大きなキズが散在する凹型キズ（× 100）

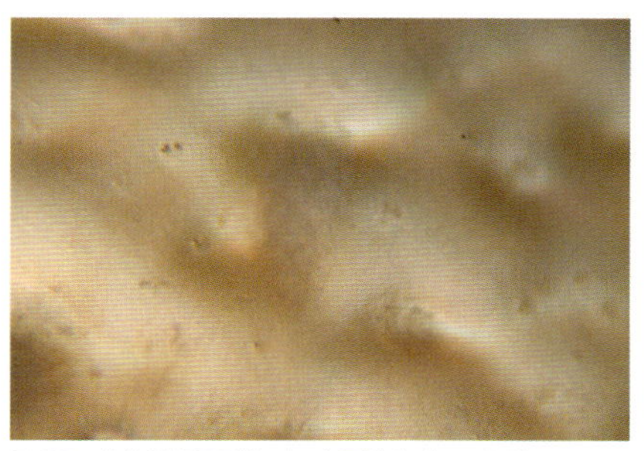
図 87　生物溶解凹型キズの表面拡大（× 100）

図 88　生物溶解凹型キズの断面拡大（× 100）

などで比較的短期間でわれやすいため、キズそのものが部分崩壊する場合があります。また真珠に孔をあける場合、キズやその周囲を穿孔（せんこう）場所にすることが多いので（図89）、孔口崩壊につながる場合が多々あります（図90）。

クロチョウ真珠における白キズ発生の誤認

クロチョウ真珠の凹型キズの場合、底部に稜柱層があると、その部分が垂直に細かくわれることにより、底部だけが光の散乱現象により白く見え、新たな白キズの発生と受け止められる場合が多々あります（図91）。

層われへの誘因

シロチョウ真珠などで稀に見られる真珠層のわれ（層われ）も、真珠層の膨張・収縮運動から起きるひずみ（ストレス）が、キズの周辺に存在する稜柱層のわれを引き起こし、それが真珠層のわれに発達することが考えられます（図92）。

図 89　内部に稜柱層がある場所（矢印）が穿孔されている

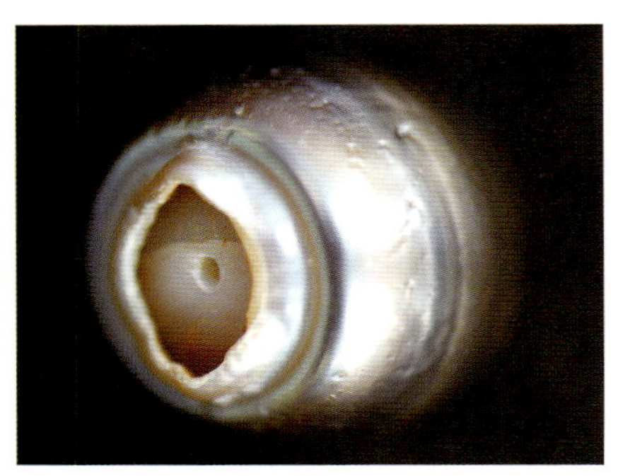

図 90　孔口付近が陥没した事例

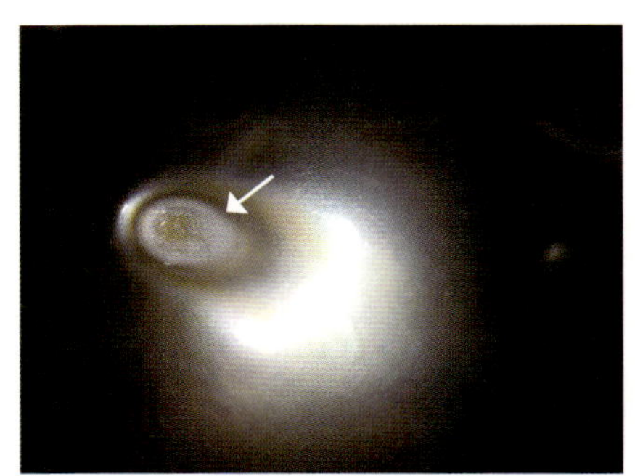

図 91　底部が稜柱層である（矢印）クロチョウ真珠の凹型キズ

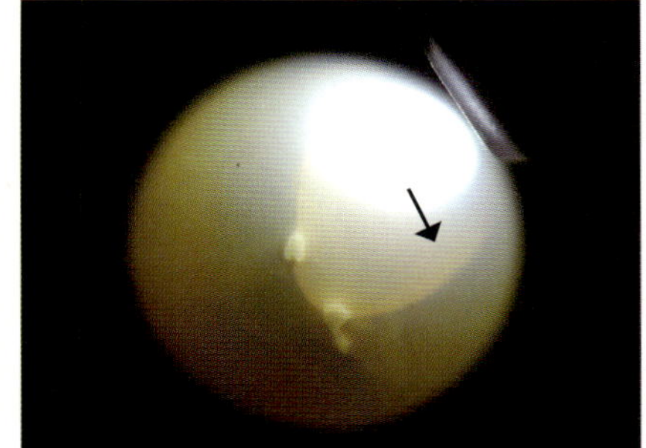

図 92　層われ（矢印）

クラスプ周辺の真珠の汚れ

ネックレス着用の場合、もっとも肌に接している部分はクラスプ付近の両端10センチ前後と思います。着用中継続的に汗や化粧品との接触が続いており、また後述するようにこの付近は比較的キズの多い真珠が組み込まれるわけですから、キズとの接触も多いと思われます。私たちの数千本に及ぶ、ネックレスのクリーニングサービスの経験を通しても、この部分の汚れが顕著です。着用終了時、この部分は意識的に「拭く」ことを心がけてください。

（2）キズの等級、見え方

一例（註13）として、図93にキズの見分け方を引用します。一般的にネックレスの場合、３等分した中心部は目立たないキズを持つ真珠を配置し、残りの両端に目立ちやすいキズを持つ真珠を配置するようにします。

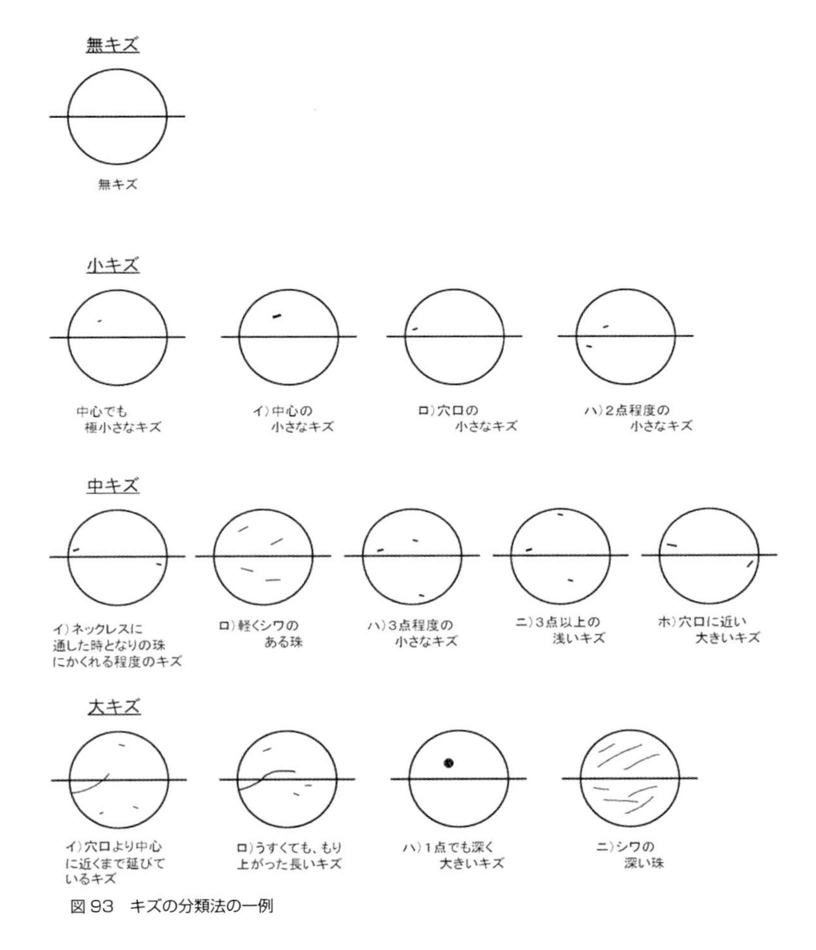

図 93　キズの分類法の一例

(3) 広義のキズに包含される品質要素群

加工キズ

アコヤ真珠の大半は“加工”と称される工程を経て商品化されます。その工程の中枢である「漂白工程」で、主剤である過酸化水素の反応が、作業ミスなどが原因で、真珠層構造に一定のダメージを与えた結果、生じるキズを「加工キズ」と称しています。主たる加工キズの形態、原因などを図94に示します。加工キズのほとんどは、真珠層構造の局部的崩壊ですから、非商品真珠として扱われます。

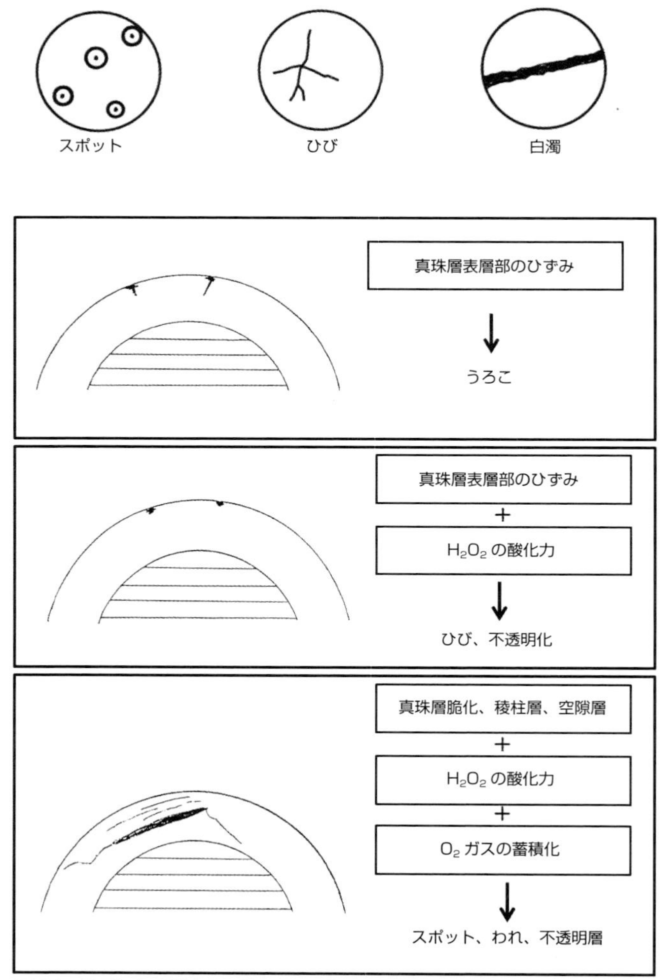

図 94　加工キズの形態とその発生メカニズム。うろこについては次頁の「見えにくいキズ)」参照

帯状白濁層

真珠表面の一部が白濁化し、真珠光沢を呈しない状態を帯状白濁層と称しています。帯状で一周しているものが多く見られます。前述の加工キズにも稀にありますが、養殖段階で生成するものもあります。この場合は真珠層生成のプロセスの中で、一部の結晶層が配列に乱れが生じた結果起きるものと推定されています（図95）。

稜柱層露出

凹型キズの底部が稜柱層である事例については前述しました。稜柱層が表面に露出している場合（図96）、あるいは真珠層の大半が稜柱層で構成され、表層部のみ真珠層で構成されている場合（図97）などがあります。稜柱層の経年変化の速さ等から非商品真珠と見るべきです。

図 95　帯状白濁層（矢印）

図 96　表面に露出している稜柱層（矢印）

図 97　左：内部の大半を稜柱層が占めているアコヤ真珠、右：正常なアコヤ真珠

見えにくいキズ

普通の明るさではほとんど見えにくい一種のキズがあります。クロチョウ真珠によく見られる“白キズ”（図98）とアコヤ真珠に多く見られる“うろこ”（図99）です。

“白キズ”は、真珠層の表層付近の結晶層の配列に、僅少の空隙が生じ、そこでの入射光の散乱でこの現象が起きると言われています（図100）。

“うろこ”は真珠層表層付近での結晶層の配列に、僅かの空隙が生じ、その結晶層部が盛り上がるために起こると思われます（図101）。

これらのキズは見えにくいことと、大きな崩壊には発達しないこと等から非商品真珠扱いにはしていません。

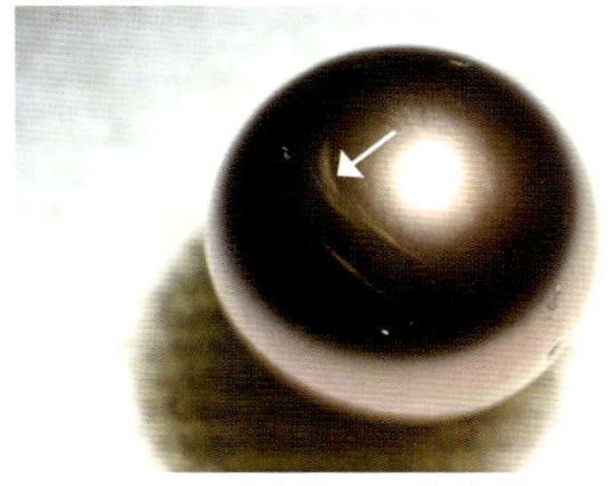

図98　クロチョウ真珠の白キズ（矢印）

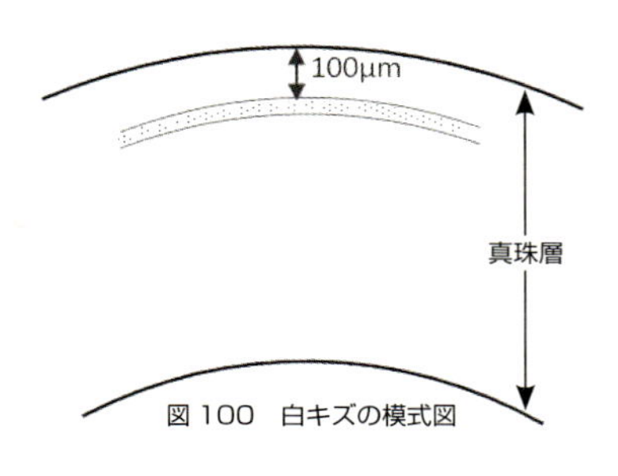

図100　白キズの模式図

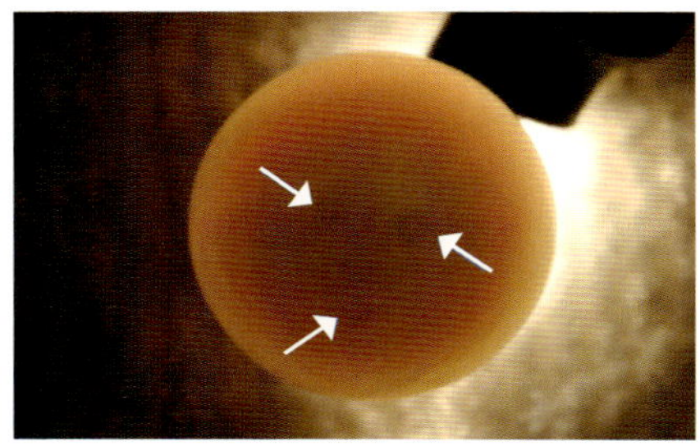

図99　うろこ（矢印）

①ひずみの発生

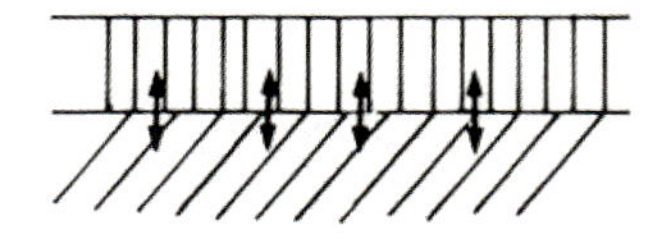

②亀裂の発生

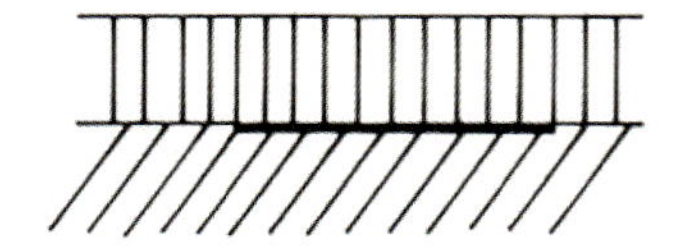

③ふくれ現象

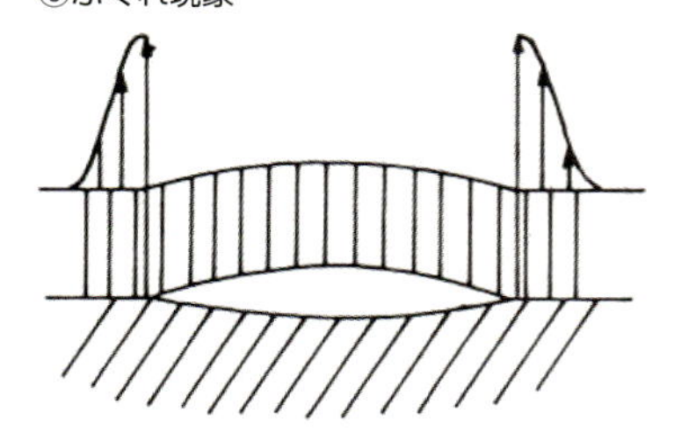

④剥　離

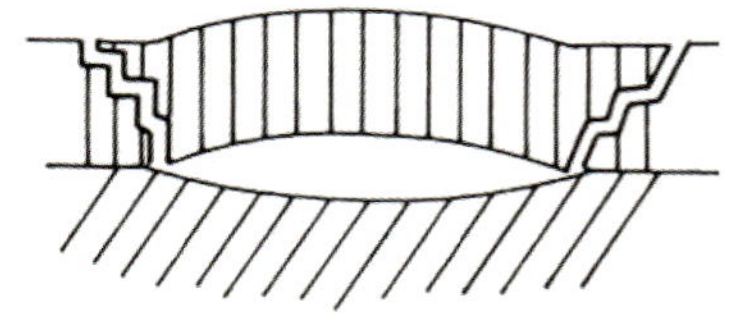

図101　うろこの発生・発達メカニズム（模式図）

②面

ここで論じる「面」は、主として養殖工程でできる、真珠表面の滑らかさの欠如関連の現象全体を指します。

（1）「面」の基本的形態と構造

養殖工程の中で、真珠層形成時での一種の「非正常分泌」の結果起きる現象としての“ハンマーマーク”“チリメン”“生物溶解”（凹型キズで説明）等があります。その他に加工時で発生した“アレ”の未修復や割れ核の影響で平坦部分が生成した場合等人為的な原因による「面」の乱れがありますが、別の機会に述べることにします。

ハンマーマーク

図102にこの現象が見られる真珠、図103にその表面拡大（×100）の顕微鏡写真を示します。この図で分かるように、アラゴナイト結晶の成長がいくつかの同心円状に積み重なり集合しています。これがハンマーマークの正体です。アラゴナイト結晶の成長の仕方は、結晶の生成量が多い時はこのような同心円状に積み重なっていきます。

養殖現場で、高圧力の海水を吹き付けて貝殻外面の汚れを除去する「動力による海水の噴射装置（動噴）」を浜揚げ直前に行うのは、「まき」を厚くするためです。しかし急激なまきの成長は、この“ハンマーマーク”を急増する一因となります。なお、この“ハンマーマーク”は修復不可能です。

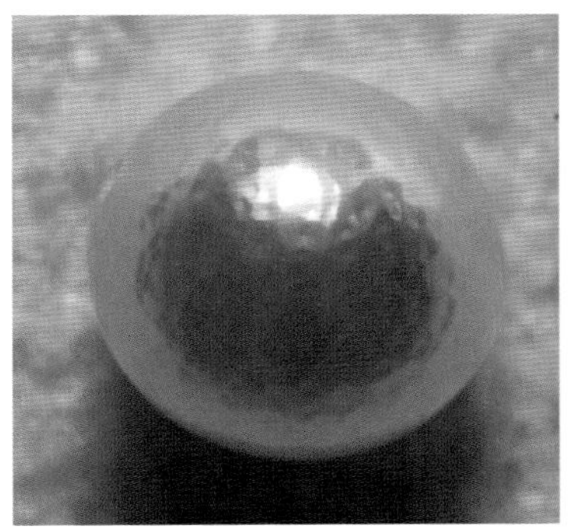

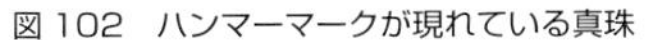

図 102　ハンマーマークが現れている真珠

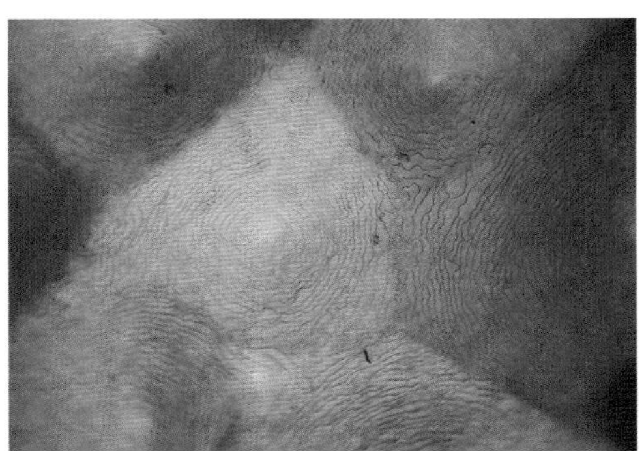

図 103　ハンマーマークの表面拡大（× 100）

チリメン珠

図104に正常な真珠表面との比較で“チリメン珠”を、図105にその表面拡大（×100）を示します。この図に見られるように微小な穴や結晶成長の乱れが見られます。生物溶解とは異なった、貝の一種の衰弱による分泌異常が原因ではないかと推定しています。

（2）生物溶解（64頁参照）

註 13：竹内恭一『真珠の加工』真珠新聞社（1994）

図 104　左が正常な真珠、右がチリメン珠

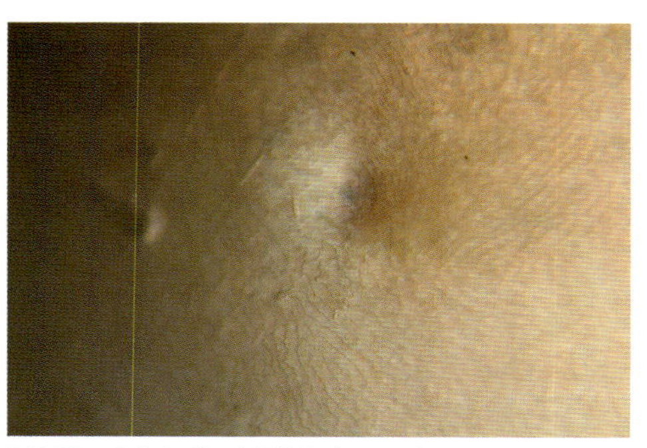

図 105　チリメン珠の表面拡大（× 100）

3）まきとかたち

まきとかたちについてはある程度計測が可能です。まきはX線透視像で計測が可能ですし、かたちは長径、短径の比率で表わすことが可能です。

①まき

まきとは核の上にどの位の厚さで真珠層がまかれているかを指します。別の言い方をすれば「真珠層の量的側面」を指します。テリのメカニズムが科学的に解き明かされていない時代には、「まきが厚い程テリも良い」といった誤った考え方が流布しました。テリは前述しましたように、真珠層を構成する結晶層の厚さ（真珠層の厚さで非ず）とその積み重なり方の整然性に

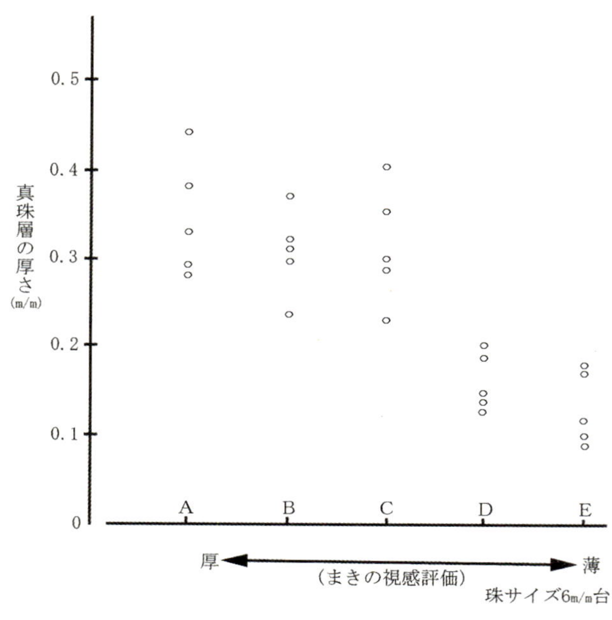

図 106　まき厚と視感評価によるまき厚の関係

よって決まります。別の言い方をすれば「真珠層の質的側面」を指します。

図106は筆者らが行った実験結果です。あらかじめX線透視でまき厚を測っておいた0.2ミリ以下の真珠と、0.3ミリ以上の２種の真珠を習熟者の方々に、まき厚ごとに分けてもらった実験です。0.2ミリ以下の真珠は核の持つ縞模様が透けて見えますので、薄まきグループに仕分けされていますが、0.3ミリ以上のグループはテリの良い順になっています。この実験の結果は「0.3ミリ以上は、人間の目ではまき厚は分からない」と「テリの良い真珠は厚まきに見えるということ」です。

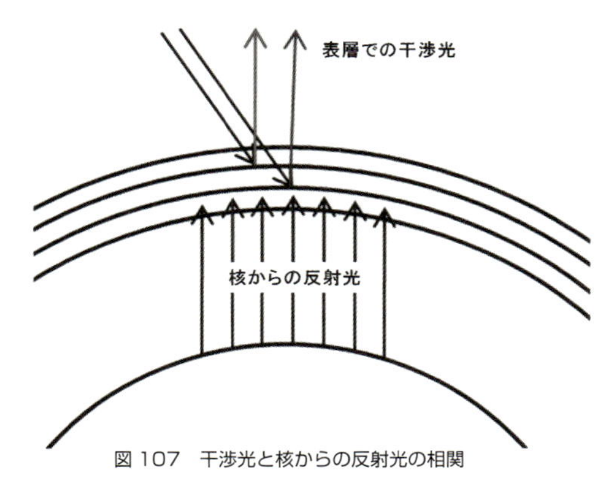

図107　干渉光と核からの反射光の相関

まきとテリの違いについて上述しましたが、極端な例ですが一定の相関例を述べます。0.2ミリ以下の薄まきの場合、真珠に入った光の一部は、核で反射して出てきます。核が白いので白色の反射光です。真珠層の表層で起きる光の干渉で起きる鮮やかな干渉色はこの白色の反射光で薄められる可能性があります（図107）。

②かたち

様々なかたちがありますが、ラウンド形が重視されています。これについては次の式から判断するのが一般的です。

変形度＝（１－最短径 / 最長径）×100

例えば0～２％台をラウンド形、３～５％台をセミラウンド系とするといった具合です。

またパーフェクトドロップ系を最上位とし、最長径：最短径＝1：1.618の黄金分割（註14）を導入するといった具合です（図108）。

図108　黄金分割の代表例であるミロのヴィーナス像

註14：黄金分割：golden section　１つの線分を外中比に分割すること。長方形の縦と横の関係など安定した美感を与える比とされます。

4）実体色と「連相」

実体色とは、真珠の色成分として現れている真珠内部の有色物質の総称です。具体的には色素類、有機物質、稜柱層等を指します。特に色素類は図109に示したように産出貝により固有の特長があり、また２種類以上の色素がある場合は、その真珠層の垂直方向での配合により多種類の実体色が生み出されます。

「連相」とはネックレスを構成する数十個の真珠が、色調、テリ、キズ、かたちなど品質要素面でどの位揃っているかを表わす業界用語です。とりわけテリの揃いは(具体的には輝きと干渉色は) 大切です。

		紫	菫	青	緑	黄	橙	赤
ボディーカラー	アコヤ真珠	●				●		
	シロチョウ真珠	●				●		
	クロチョウ真珠				●			●
	マベ真珠						●	
	アワビ真珠				●			
	淡水真珠	●					●	

図 109　真珠の色素の分類

①実体色

真珠を見て実体色の色相、彩度、明度を見極めるのは極めて困難です。というのは真珠の色は、実体色と透過・反射の２つの干渉色が一体となっているからです。黒バック、白バックでの観察、透過光による観察、極めて強い光を照射しての観察などを駆使して見極める必要があります（図110～114)。

図 110　グリーン系クロチョウ真珠

図 111　レッド系クロチョウ真珠

図 112　ブラック系クロチョウ真珠

図 113　バイオレット系クロチョウ真珠

図 114　ゴールド系クロチョウ真珠

②「連相」

「連相」での各品質要素の揃い状態を調べるのは、全体の色調やキズ、かたちなどは目視観察で可能です。問題はテリの揃い具合です。

前述した反射・透過の干渉色を同時に観察し得る拡散光源装置（商品名：オーロラビューアー　81頁参照）内での観察が最も効果的です（図115、116）。

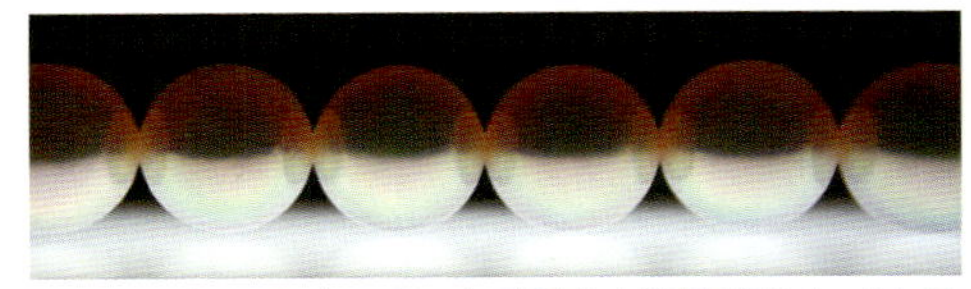

図 115　オーロラビューアー内で観察した連相の良いネックレス

図 116　オーロラビューアー内で観察した連相の悪いネックレス

VI

グレーディングの基本方針

グレーディング・システム７つの指針

1）真珠、品質、評価

真珠のグレーディングとは「真珠の品質を評価する」ことです。それをひとつのシステムとして考える場合、３つの特質を十分把握しなければなりません。それは、「真珠」の「品質」を「評価」すると３つに分けて考える必要があります。

①「真珠」

真珠は２つの特質があげられます。

(a) 宝飾品であることと、(b) 生体生産物であることです。

(a) 宝飾品という商品は、衣食住には直接の関係はありません。したがって工業製品のような厳格な規格ではなく、人間の感性とか嗜好といった面を優先する考え方をとるべきです。(b) 生体生産物ということは、「海」と「生命活動」という２つの自然の結合ですから、無限に近い組み合わせが生まれます。まさに人間の顔のように、一個一個の真珠は、みな個性を持っています。こういう場合、その分類化は大雑把にあるいはファジーにするべきと思います。

②「品質」

その特質はテリにあると思います。一般的に言われている「実体色」「テリ」「まき」「キズ」「かたち」の５つの要素を並列化するのではなく、テリを最重視すべきと考えています。

③「評価」

まず客観性が挙げられます。これは科学機器による測定とか数値化ということですが、同時に誰でもが、どこででも評価し得るということでもあります。現在の国際化時代では大切です。

2）７つの指針

指針１：真珠独自のシステムであること

これまでの宝飾品としての真珠に対する一般的な見方は、ダイヤモンドに対置しての色石があり、その色石の中に真珠があるという図式でした。

またダイヤモンドには、GIA（Gemological Instite of America 米国宝石学会）システムの４Ｃ（色、透明度、重量、研磨）に見られるグレーデイング方式があり、世界市場に普及しています。

問題はこういう「背景」に引きずられることなく、真珠独自のシステムをどう構築するかですが、３つの事例を参考にします。

１つめの事例は真珠の価格体系です。後述するように品質評価と価格を同一次元で論ずべきではありませんが、価格設定の諸要素の中には参考にすべきものが多くあり、これらは積極的に抽出すべきです。

２つめの事例は1999年に廃止された国立真珠検査所の検査方式です。輸出真珠の検査という一定の枠内にありますが、上述の「背景」には無縁で日本で生まれた一種のシステムは尊重すべきであり、多くの教訓、示唆に富んでいるからです。

３つめの事例は真珠そのものの物性です。鉱物起源の他の宝石類とどこがどう異なるかを科学的に検証することが、システムの可能性と限界を決定するからです。

指針２：テリを品質の主軸に据えること

価格設定についても、あるいは品質を論ずる際にも必ず言及されるのが、品質を構成する「実体色」「テリ」「キズ」「まき」「かたち」の５つの品質要素です。

品質の主軸に据えるとは、この５つの要素を並列的にとらえるのではなく、テリが真珠の本質に迫る、とりわけ重要な要素であることを具現化することです。

さらにテリというひとつの言葉で表現されていますが、それは複雑な諸現象の総体として存在しているので、その複雑さをシステムの中で可能な限り具現化していくことでもあります。

指針３：評価法は一定の客観性を備えると共に、ギャランティ方式とすること

５つの品質要素の中で最も評価が難しいのが実体色とテリです。「５年、10年と真珠を見続けてきた習熟者が、北窓光線下で目視評価するのが常道」は今日でも生きています。

しかし実体色やテリの「微妙な差」を「ある程度の差」に置き換えれば、今日の科学技術で測定は可能性を持ってきます。

実体色は、分光反射率測定や「JIS 標準色票」を使った目視評価などで、テリについては「輝度測定法」や「干渉色測定法」などで、ある程度客観性を持たせることが可能です。

しかし工業製品の規格などに見られる数値化分類方式は採用せずに、真珠は、一定の範疇で括（くく）る「区分け概念」の導入が望ましく、一種のギャランティ方

式を採用すべきでしょう。

指針４：色を評価から分類の対象へ変換すること

色は、それは大部分が実体色を指しますが、人間の嗜好や流行に深く関連していますので、評価の対象にするのは難しい側面を持っています。イエロー系の色を好む人がいれば一方に嫌う人もいるといった具合です。

そこで評価の対象から外し、分類対象にするべきと考えています。

指針５：アコヤ真珠を含めた全養殖真珠を視野に置くこと

今日の市場状況は、100年余続いた日本中心の、アコヤ真珠中心の時代が完全に終焉し、グローバル化という新しい時代に入っています。クロチョウ真珠、シロチョウ真珠、淡水真珠が世界的視野で作られています。

グレーディングの対象もこれらすべての真珠です。当然のことですが、日本産アコヤ真珠とこれらの真珠との共通性と異質性の両面を把握したシステムでなければなりません。

指針６：鑑別、価格体系とは異なった分野であること

鑑別とはものの真偽を見分けることであり、グレーディングとは品質を評価することですから、両者は次元の違った分野です。

一方異なった分野でありながら、一定の相関性をもっているのが品質と価格の分野です。品質は絶対的な世界であるのに対し、価格は相対的な世界です。生産量や流行などが相場に大きく作用します。販売ポリシーや付加価値のつけ方なども価格に差をつけます。

しかし一定の相関性を持つということは、品質評価のやり方如何では価格設定に近接するという側面を持つことでもあります。

これを避けるためにも前述したシステムの中に「範疇(category)」という概念を入れる必要があります。あるいは「～以上である」「～の範囲に入っている」といった一種の「区分け概念」の導入です。

指針７：真珠のクリーニングシステムと一体化すること

「真珠は経年変化する」という信念を持っている方々が、識者の中に相当数いるのは事実だと思います。確かに鉱物起源の諸宝石と比較すればその耐久性には格差があり、限界があります。

しかし今必要なのは鉱物起源の諸宝石と比較する視点ではなく、当初の品質がどの程度経年変化するのか、その変化はどのようにすれば抑えられるのかという真珠独自の立場に立った視点です。

この立場から言えば問題点は以下の３つです。

１つめは「問題真珠」の存在です。「問題真珠」とは、薄まき真珠、加工キズのような真珠層が脆弱化した真珠、稜柱層が露出している真珠、核や真珠層に亀裂が生じている真珠等々です。これらの真珠は確かに経年変化が激しいのです。

２つめは「取扱いの拙さ」による品質低下が挙げられます。鉱物起源の宝石と大きく物性を異にしながら、古今東西、宝石の地位に立ち続けてきた真珠は、本質的に手入れの不可欠さを伴っている宝石と見なすべきではないでしょうか。

３つめは「修理・修復システム」がほとんど知られていないということです。見方によっては真珠よりも経年変化が激しい素材、木材や紙等から作られている美術品や文化財について、国際的なネットワークで修復・保存の方法が研究され、実践化されています。私たちはこの数十年、本格的な「真珠の修理・修復システム」を作るべく系統的に研究してきました。この文化財の修復・保存法には多くのことを教えられました。最近にいたって、真珠のネックレスを、お客さまの見ている前で、数分できれいにする「パールリフレッシャー」（修復保存法 118頁）なる装置の開発を機に、2011年、真珠修復保存研究会を設立し、その啓蒙と普及に傾注しています。

●パールオーロラビューアー

干渉色を観る専用の装置

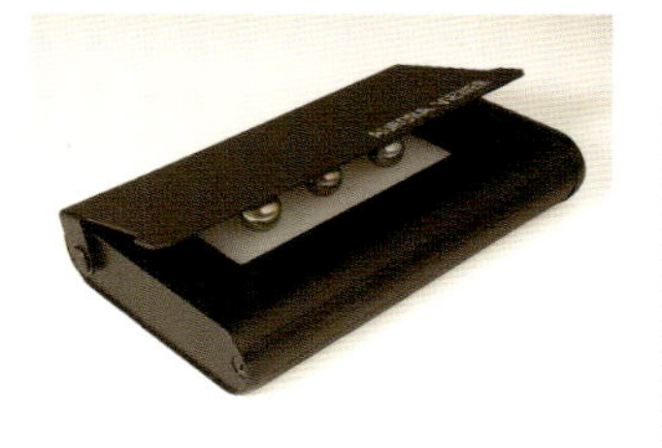

オーロラビューアーは広い面光源の上に試料となる真珠を置き、側面から反射の干渉色と透過の干渉色を観察する装置です。光源が下にありますので、下半球に現れる色が反射の干渉色、上半球が透過の干渉色です。

オーロラビューアーで真珠を観ますと、テリが良いほど鮮やかな色が出ますし、２種類以上の色が出ています。

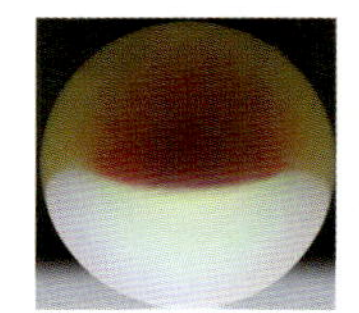
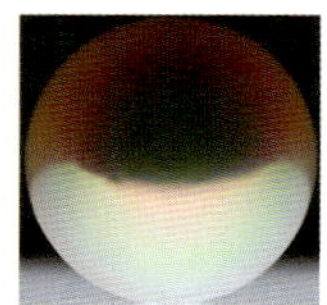
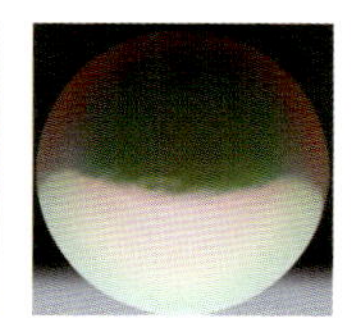

オーロラビューアーで見たテリの強いホワイト系アコヤ真珠（左からＲ系、RG 系、Ｇ系）

Ⅶ

鑑別

模造真珠、貝殻製品との判別

一般に真珠には次の４種類の鑑別があります。

1. 本物の真珠と模造真珠を判別。
2. 天然真珠と養殖真珠を判別。
3. 着色かそうでないかを判別。
4. 何の貝から採れたかを判別（母貝鑑別）。

1）模造真珠

図 117　模造真珠のイヤリング

人工真珠、人造真珠とも呼ばれる模造真珠には、安価なものから高額品まで様々なものがあります。また紛らわしい商品名のものもあり、精巧なものは見た目もそっくりですから注意が必要です（図117）。これらの模造真珠の大半は、合成パール顔料という真珠のテリに似せた塗料を使ったものです。核として、ガラスやプラスチック（合成樹脂）が多く用いられていますが、“貝パール”と呼称される模造真珠は、真珠養殖に用いられる、通称“ドブガイ”の貝殻が使われています。

その成分と構造から、養殖真珠と模造真珠の物性には違いがあります。養殖真珠の主成分である炭酸カルシウムのアラゴナイト結晶と比較して、模造真珠の合成樹脂は比重が３分の１程度と軽く、硬度（ビッカース硬度）は10分の１程度です。また、熱伝導性も低く、熱が伝わりにくいという性質を持っています。真珠が酸性溶液に弱いことはよく知られていますが、有機溶剤にはほとんど影響を受けません。それに対し、模造真珠はマニュキアや除光液などの有機溶剤に溶ける場合があります。

①鑑別法

鑑別法は、その特性から以下の方法があります。

（1）珠同士をこすり合わせる方法

真珠はひっかかりを感じますが模造真珠はすべる感じがします。これは両者の主成分である、炭酸カルシウムと合成樹脂の違いとそれぞれの表面構造の違いから生じたものです。

（2）珠の孔口を観察する方法

真珠に比べ、模造真珠の孔口は「崩れている」「擦り跡がある」「口径が大きい」などその製法から由来する違いがあります（図118、119）。

図 118　模造真珠の孔口

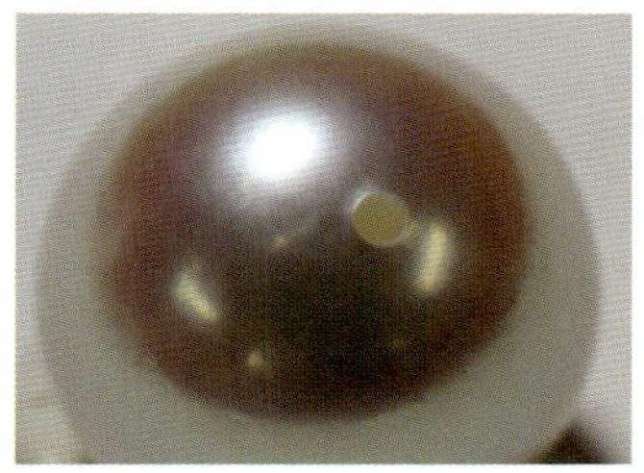

図 119　真珠の孔口

上記は機器を使わない代表的な2つの鑑別方法ですが、リングやペンダントなど1個珠や枠に留められている場合には適用できません。

（3）蛍光検査

紫外線を照射すると、真珠は青白色から黄白色の蛍光を出します。これは真珠層内の有機物質によるものです。それに対し模造真珠は合成樹脂のため蛍光を出しません（図120）（例外として、蛍光増白剤を加えた模造真珠は、逆にかなり強い蛍光を出します）。近年は強力な携帯 UV ライト（極小）が市販されており、暗室でなくとも活用できます（図121）。

図 120　左：通常光での撮影　右：紫外線での撮影
A は真珠、B は模造真珠

図 121　携帯 UV ライト

（4）拡散光源による観察

拡散光源に接触させて真珠と模造真珠を見ると、真珠は入射角度に応じて同心円状の様々な干渉色が観察できますが、模造真珠では見られないか、観察できても干渉色はまだらに見え、上半球は暗くなります（図122、123）。合成パール顔料は、規則的多重反射と干渉作用を有していますが、真珠のアラゴナイト結晶のｃ軸が表面に対しすべて垂直に並んでいるという構造とは異なるためです（図124）。

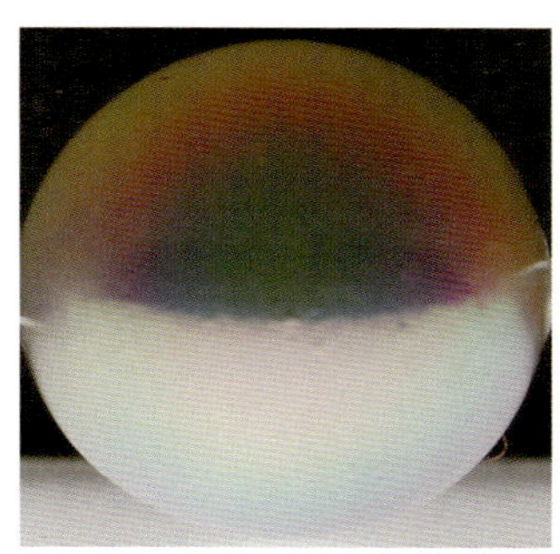
図 122　拡散光源に接触させた真珠

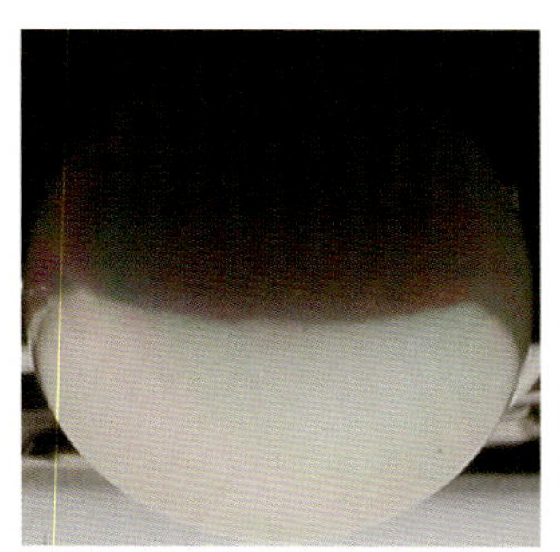
図 123　拡散光源に接触させた模造真珠

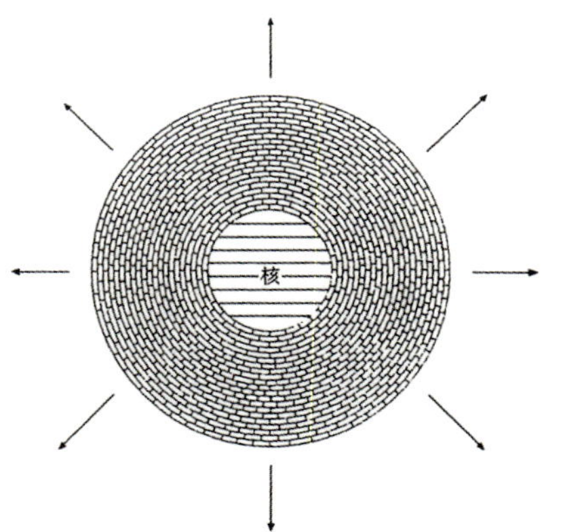

図 124（図 50 の再）真珠のアラゴナイト結晶の C 軸の模式図

（5）表面の拡大検査

光学顕微鏡100倍程度で観察すると、真珠には必ず固有の結晶成長模様が見られますが、模造真珠には、微小な凹凸が見られるだけです（図125、126）。成長模様は、現代科学では人為的に作れませんからこの拡大検査は最も確実な鑑別方法といえます。

図 125　真珠表面の拡大（× 100）

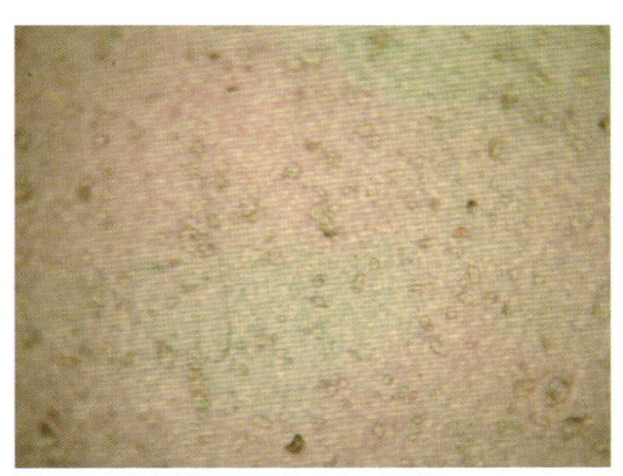

図 126　模造真珠表面の拡大（× 100）

2）貝殻製品

貝殻製品とは、貝殻を加工した一種の模造真珠のことを指します。真珠層構造の貝殻を球体に加工した製品は、球面の一部にキラッと輝いている箇所（図127）と輝きのない部分があります。これは切り出した貝殻（図128）を球体に加工したため起こる現象で、真珠層の表面に対しては光は多重反射を起こしますが、真珠層の断面に対しては散乱のみが起こるためです。真珠は一般的には全表面が「真珠層構造の表面」であるため、貝殻を加工した球体とは異なる光学的現象が起こります。

特別な貝殻製品の例として、オウムガイの貝殻湾曲部を切り出し、貝殻外殻部を除去したオスメニアパールがあります（図129）。レントゲンでこの貝特有の仕切りが確認できます（図130）。

図 127　貝殻を球体に加工した製品　矢印：輝いている箇所

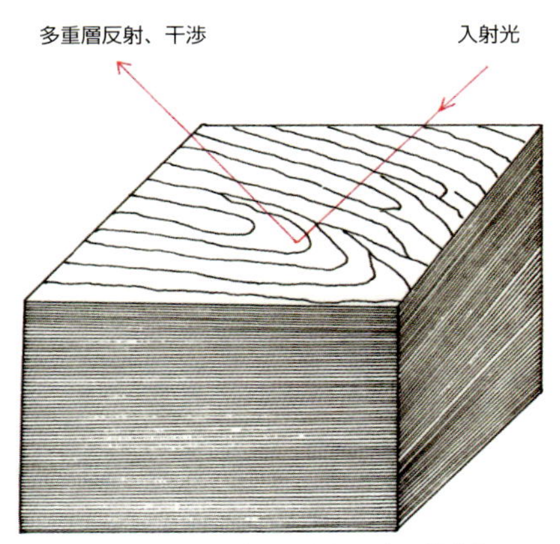

図 128　切り出した真珠層構造の貝殻の模式図

図 129　オスメニアパール

図 130　オスメニアパールのレントゲン画像

★参考　広義の真珠に分類されていて、貝殻製品とは明確に一線を画しますが、貝殻内面の真珠層を直接に活かしたものにブリスターおよびブリスターパール、養殖半形真珠などもあります。ブリスターは貝の外套膜生成物(図131)、ブリスターパールは真珠袋で作られた真珠が貝殻に付着したもので両者は、貝殻から切り出して商品とされています。また養殖半形真珠は、貝殻内面に半形の核を接着し、外套膜の貝殻形成機能により核の上に真珠層を形成させ、切り出したものです(図132)。

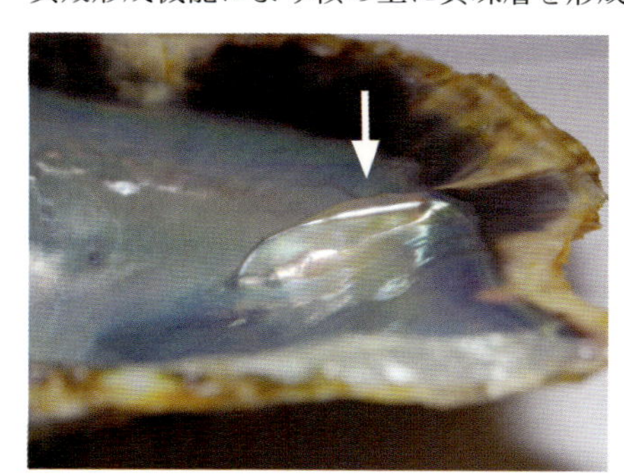
図 131　ブリスター

図 132　マベ半形真珠

天然真珠と養殖真珠の判別

真珠は真珠袋の中で形成されます。その真珠袋ができるきっかけが偶然か人為的かで天然真珠か養殖真珠かに分類されます。未だに核の有無や状態を確認する方法などで判別できるという考えが根強く残っていますが、若干の例外を除いて天然真珠か養殖真珠かを判別する科学的方法は現時点では確立されていません。

天然真珠は、貝殻を作る外套膜を持つすべての貝類から作られる可能性があることになります。真珠層構造を持たない貝から作られたものは、真珠層構造を持っていませんが、広義の意味で“真珠”と呼ばれるものがあります。

真珠層構造を持つ代表的な天然真珠として、アコヤガイの仲間から産出された通称“ピピ”(図133)、淡水二枚貝から産出された通称“ドックティース”や“フェザー”などがあります（図134)。これらの真珠層は、養殖アコヤ、シロチョウ、クロチョウ、ヒレイケチョウ真珠と同じ構造をしています。また、アワビの天然真珠もよく知られています（図135)。アワビによる真円真珠の養殖法は現時点で確立されていませんので、天然真珠と判別できます。なお、アワビなどの巻貝の真珠層はアラゴナイト結晶が柱状に積み重なり、アコヤなどの真珠層構造とは異なります（図136)。

図 133　タヒチの天然真珠ピピ

図 134　ドッグティースとフェザー

図 135　天然アワビ真珠

図 136　柱状に積み重なった巻貝の真珠層（×1000）

真珠層構造を持たない天然真珠の代表的なものにコンクパールがあります（図137)。カリブ海に生息するピンクガイから産出されます。表面にはその構造起因の火焔模様（フレーム模様）が現れます（図138）。その他、タイラギの稜柱層真珠やクラムなどその構造からくる様々な特徴を持ったものがあります（図139）。

図137　コンクパール

図138　コンクパール表面のフレーム模様

図139　タイラギの稜柱層真珠

また、挿核手術の際に何らかの要因で生成された“ケシ”と呼ばれる無核真珠と天然真珠との判別は不可能です（図140、141）。また、最近見られるようになった養殖無核真珠を核として挿核した真珠も正確に天然真珠やケシとの判別は難しいことです（図142）。

図140　シロチョウケシ

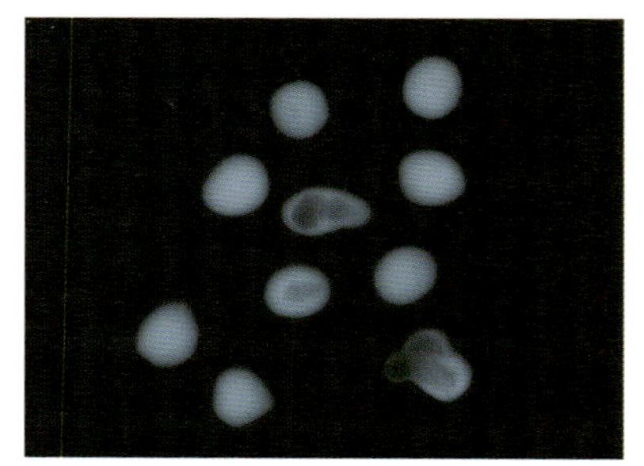

図141　シロチョウケシのレントゲン画像

図142　無核淡水真珠を核としたクロチョウ真珠断面

着色の判別法

真珠の着色方法は下記に大別されます。

●放射線照射による物理的着色法

主にアコヤ真珠をブルー系に着色する時に放射線照射（註1）されますが、近年は淡水真珠やシロチョウ真珠に照射し、着色する場合もあります。

●染料等で着色する化学的着色法

ゴールド系、ブルー系、ブラック系、その他様々な染料で着色したり、あるいは硝酸銀の銀塩反応を利用して黒色化する場合などがあります。

註１：一般的にコバルト 60 を線源としたγ線を照射します。" コバルト "" 焼き "" 照射 " 等と呼ばれています。

１）放射線照射された真珠の鑑別法

放射線照射による黒褐色化したブルー系真珠とナチュラルブルー系真珠（図143）は、強い光を真珠に当て真珠内部を観察する光透過法で判別します。ナチュラルブルーの色は、真珠層と核の境界部に存在する有機物等の異質物に由来し、放射線照射した真珠は、照射による核の黒褐色化に由来します（図144）。強い光を当てることで真珠内部のこの違いをある程度確認することができます（註2）。ナチュラルブルーの有機物等は、均一に存在することはほとんどなく真珠層を通してまだらに見えます（図146）。また核は白いので内部は明るく見えます。それに対し、放射線照射真珠は、核自体が黒褐色化するため強い光を当てると均一で全体として暗く暗赤色に見えます（図145）。ネックレスの場合は、光を当てながら孔口から核を観察し孔内部が暗いか、明るいかで判別する方法もあります（図147）。

図 143　左：放射線を照射したブルー系真珠　右：ナチュラルブルー真珠

図 144　左：放射線照射真珠断面　右：ナチュラルブルー真珠断面

シロチョウ真珠でまきが厚く光透過で判別が難しい場合でも、真珠の色調とレントゲン検査によるまき、境界部の有機物等の量からある程度推定できます。

註２：強い光を当てて観察する方法。真珠に直接光源を密着させ、真珠内部を観察する光透過法と、真珠からやや離して光を当て観察するサーチライト法があります。

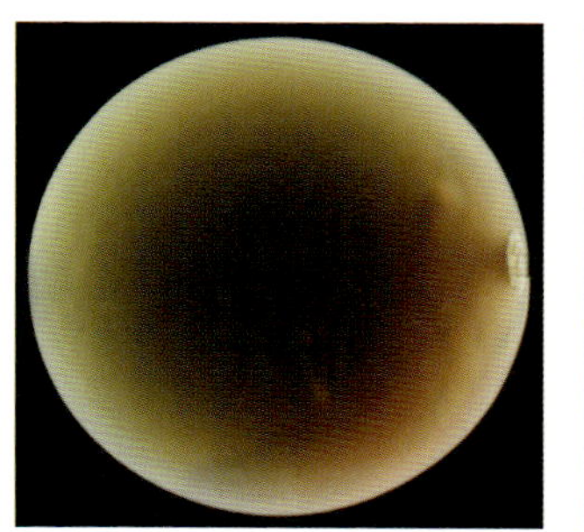

図 145　強い光を当てた放射線照射真珠

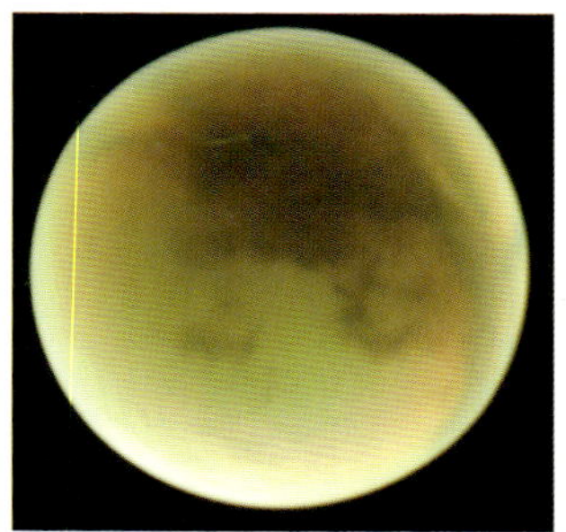

図 146　強い光を当てたナチュラルブルー真珠

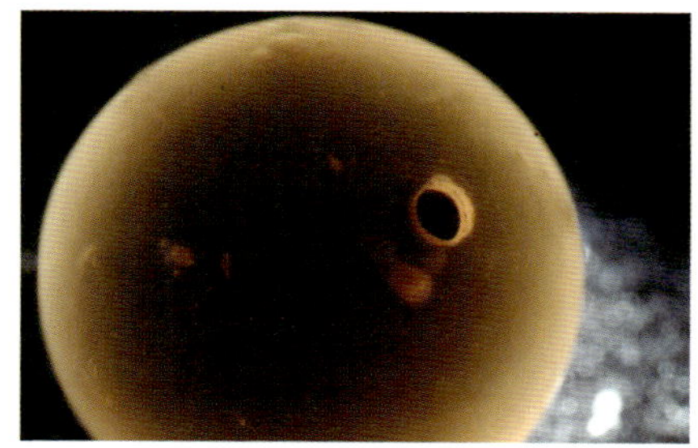

図 147　左：放射線照射真珠孔口、右：ナチュラルブルー真珠孔口

２）染料等で着色する化学的着色法

①クロチョウ真珠の鑑別法

クロチョウガイから産出されるクロチョウ真珠は、クロチョウガイの持つ緑褐色と赤褐色の２つの色素様物質を持つと推定されています。複数の色素の組み合わせで様々な色の真珠が産出されますが、この色素様物質には固有の分光特性があり、着色真珠との判別が可能です。分光光度計でクロチョウ真珠の分光反射を測定すると700nm に特有のクロチョウ吸収があります（図148、註３）。それに対し、着色真珠にはこの吸収がありません。ただし、色素の薄いクロチョウ真珠を染料で着色した場合には、700nm のクロチョウ吸収が確認される場合があるので、注意が必要です。

また、硝酸銀による銀塩処理によって着色された黒色系真珠は、強い光を当てるサーチライト法（註2）で観察すると赤褐色にみえます。クロチョウ真珠は緑を帯びた黒色に見えますので簡易的な判別法となります（図149、150）。この銀塩処理された黒色系真珠の表面を光学顕微鏡の偏光で拡大観察すると、黒い斑点のような模様が見えます。これは、着色工程で真珠層表層部が溶解浸食されてしまったために観察されます（図151）。

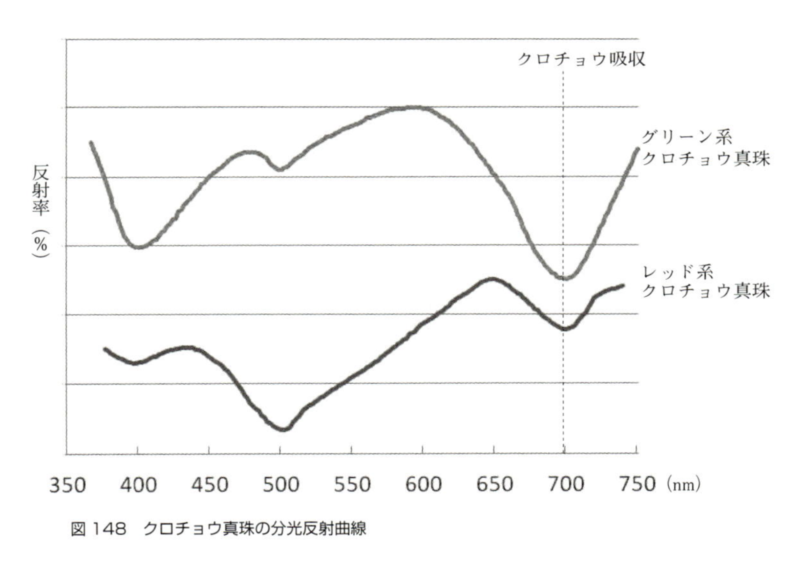

図 148　クロチョウ真珠の分光反射曲線

図 149　左：クロチョウ真珠　右：銀塩処理真珠

図 150　図 149 の真珠をサーチライト法で見ると銀塩処理の特徴が出る

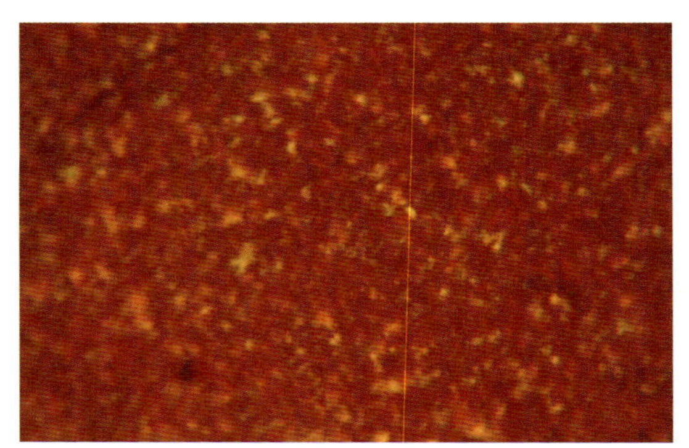

図 151　銀塩処理真珠の表面偏光拡大画像（× 100）

②ゴールド系真珠の鑑別法

ゴールド系真珠は、主にアコヤガイとシロチョウガイから産出されます。着色ゴールドの大半は染料で染められたもので、孔口やキズなどを観察すると染料の痕跡が確認できる場合があります。他の色の染料で着色された真珠も染料の着色痕跡を観

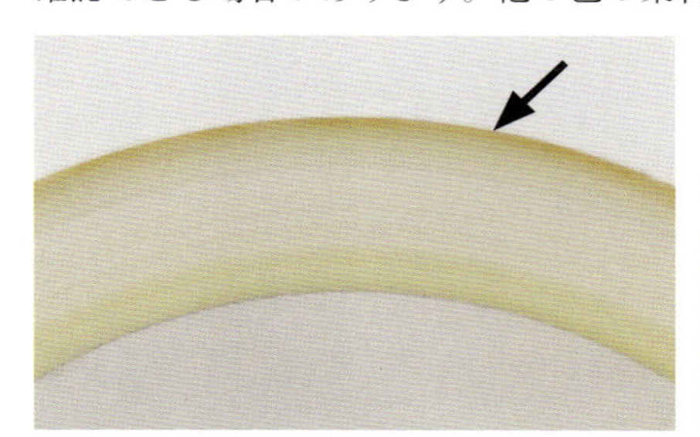

図 152　着色ゴールド系真珠の断面

図 153　ナチュラルゴールド系真珠

図 154　左：ナチュラルゴールド系真珠　右：着色ゴールド系真珠

図 155　紫外線照射下の真珠　左：ナチュラルゴールド系真珠　右：着色ゴールド系真珠

察する方法が用いられます。

分光反射特性については、ナチュラルには特徴的なパターンがありますが色調や干渉色の影響でずれる場合もあります。

また、染料で着色されたシロチョウ真珠の断面を観察すると、ごく表層部（100μm程度）が着色されていることがわかります(図152)。それに対しナチュラルゴールドのシロチョウ真珠は、真珠層全体に濃い色素が存在しています（図153）。このことを利用した簡易判別法が、蛍光検査です。着色はごく表層部ですから、着色真珠に紫外線を当てると表層部下の真珠層からの蛍光が観察されます。それに対し、黄色の濃い色素が真珠層全体にあるナチュラルは、紫外線を当てても蛍光はほとんど観察されません（図154、155）。ただし、ナチュラル真珠は色素の濃さが１個ずつ異なり蛍光の強度は様々ですので、注意が必要です。

註３：分光反射測定で 400、500、700nm に現れるクロチョウ真珠の吸収を「クロチョウ吸収」と呼びます。1976 年に小松博が発見し、命名しました。

分析機器で判定する母貝鑑別

その真珠を産出した貝を判別するのが母貝鑑別です。それぞれの貝がもつ真珠層の特徴を分析機器を用いて判定します。

まず、アコヤガイ、クロチョウガイ、シロチョウガイ、マベなど海水に生息する貝から産出される真珠と、ヒレイケチョウガイなど淡水に生息する貝から産出される真珠に大別できます。海水産と淡水産では、微量元素のマンガンとストロンチウムの量に差があります。淡水真珠は海水産に比べマンガン含有量が多く、ストロンチウムが少なくなっています。この差を蛍光X線分析装置で元素分析して確認します（図156）。

クロチョウ真珠は、前述したように特有のクロチョウ吸収があるので反射型分光光度計で分光測定することで確認できます（図157）。

マベ真珠は、含まれる色素様物質の蛍光に特性があります。蛍光分光を測定すると、615nm 付近に特有のピークがあり、判別は可能です（図158）。また、アワビから産出された真珠は、巻貝特有の構造をしていますので、表面観察することで判別できます（図159）。

シロチョウガイ、アコヤガイについては、いくつか報告がありますが、現時点で判別法は確立されておらず、様々な観察を総合的に観て推定されています。

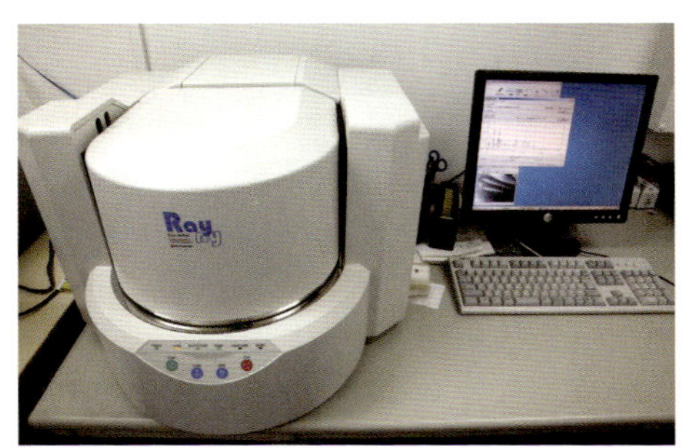
図 156　蛍光 X 線分析装置

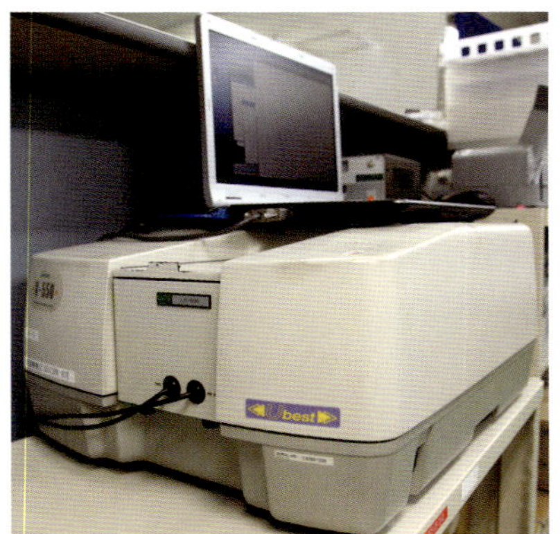
図 157　分光光度計

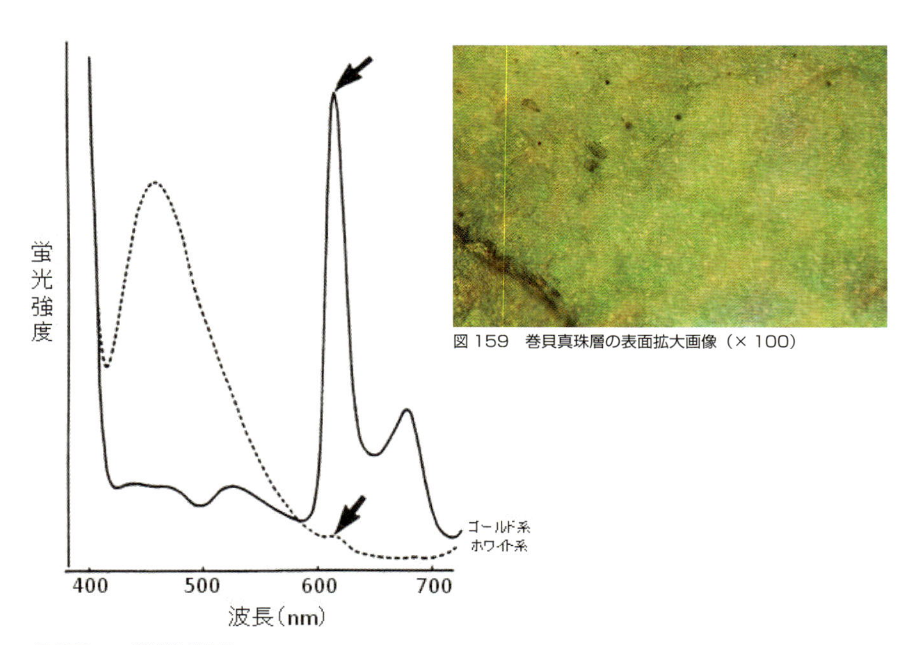

図 158　マベ蛍光分光曲線

図 159　巻貝真珠層の表面拡大画像（× 100）

Ⅷ

加　工

加工の工程

浜揚げされたアコヤ真珠は、市場価値のあるものの大半は連用（両孔）に、一部は１個ないしは２個以上で組み合わされる細工品用（片孔）に仕向けられます。その過程では、従来真珠の加工として認められてきた「漂白」と「調色」（真珠加工で是認される着色の表現）を中心とした作業が行われ、それぞれの加工によって各個の付加価値の向上が計られます。

連についてはテリ（干渉色、輝き)、色、形、キズの調和が必要とされ、その均整美が重要視されています。したがって一定の品質の真珠を潤沢に揃える必要があります。ところが、浜揚げ珠のほとんどは、真珠内部にさまざまな異質物（有機物等）を巻き込んでおり、外観は多種多様の黒ずんだ状態です。そこで、それら異質物を過酸化水素によって分解し、黒味を消去します。しかし、こうして「漂白」された真珠群は色相にバラツキがあるため、薄い赤系染料溶液に浸漬する方法で「調色」が施されます。

調色の効果は連全体の色相形成に貢献し、何より連組み作業の効率向上に寄与しますが、その他、漂白によって失われた真珠の潜在的な赤みを補完する効果としての評価もあります。

これらの評価の一方で、近年では調色を施さない「無調色」真珠なるものも市場に流通しています。

真珠の加工処理は次の手順で行われるのが一般的です。

１）原料珠選別　２）孔あけ　３）前処理　４）漂白　５）調色　６）仕上げ研磨　７）連組み　８）通糸

８段階の加工工程

１）原料珠選別

形、テリ、キズの特性を主体にチェックし、アコヤ真珠では次の３種に選別されます。

片孔材……細工品用（テリの良い、上半球にキズのない珠が主体）

両孔材……連用（片孔材仕向け以外の商品価値のある珠）

３／４材……不都合な１／４部分を削り取った細工品用。

この時、商品化に難のある珠は連外として廃棄処分されます。

2）孔あけ

形状、キズ、内在有機物（シミ）の位置を考慮し、又仕上がりを想定して、ベストの位置に孔あけを行います（図160）。高品質商品では孔をあける位置に予め印をつけるという点付け（てんつけ）が行われることもあります。

図 160　孔あけ機

3）前処理

漂白の前に行うことから前処理といわれます。真珠を１日以上アルコール（一般的にメチルアルコール）に浸漬します。

真珠層中の有機物、とりわけ一部の黄色物質の抽出により、黄色味が薄れることが多く、また、アルコールによる脱水効果によって有機物が引き締められ、いわば「鞣(なめし)」の効果によってテリが向上します。このことは有機物の固定化にも応用され、例えば「ナチュラルブルー」の褪色防止にも効果があるわけです。

4）漂白

真珠内部の有機物による黒味〈シミ〉を取り除くことは、真珠層から生まれる色や輝きをより鮮明にすることです。言うなれば、真珠層本来の色や輝きの全面発揮をこれらシミが邪魔をしていたわけです。そのために、過酸化水素 (H_2O_2) の薄い水溶液やアルコール溶液に真珠を浸漬し、核と真珠層、あるいは真珠層間にあるシミを分解漂白します（図161、註１）。

溶液はほぼ中性～弱アルカリ性にＰＨ調整して真珠層を保護します。また真珠表面への作用を均等にして、漂白効果を上げるために界面活性剤を添加するのが一般的です。

最初に過酸化水素のアルコール溶液で脱色漂白することが一般的ですが、シミが抜けきれない場合、次いで過酸化水素の水溶液で脱色漂白を強化する工程を行います。

近年指摘されていることですが、この溶剤の切り替え時に真珠層中に微細なひびやスポットが発生する例が多く見られます（図162）。この加工工程で発生したひび割れやスポットは、加工キズと呼ばれています。溶剤の変化で分解スピードが速くなった分子状酸素が真珠内部に増加して内圧が高まり、侵食された部分の真珠層が、その内圧によって押し上げられて生じたものと考えられます。はっきりと目視できる加工キズは、養殖の苦労が水泡に帰す致命傷です。溶液をアルコールから水に移行する場合は、徐々に配合を変える等の工夫が必要です。

シミの多い珠は、いきなり過酸化水素の水溶液で脱色漂白を行います。

図 161　漂白風景

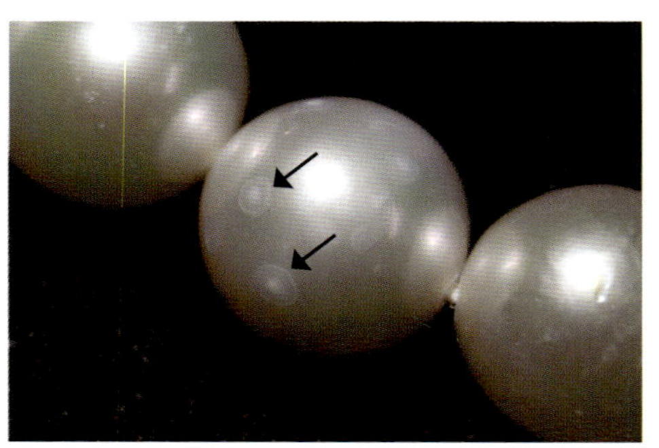
図 162　加工キズ（矢印：スポット）

註 1：この漂白の理論は 1971 年の横尾恵介の「フリーラジカル論」で説明されています。
「フリーラジカルは遊離基と訳しますが、非常に反応性に富んだ物質と考えてください」との前置きに始まり、以下が展開されます。「即ち、一般に真珠の漂白は蛍光灯照射下での処理となるが、シミが蛍光灯の可視光線のエネルギーを吸収して、化学反応を起こし（励起され）、フリーラジカルに分解する。同時に、励起されたシミに過酸化水素も励起されてフリーラジカルを生ずる。反応性の強いこれらのフリーラジカルが次々に連鎖・非連鎖反応を起こし、ついにシミが分解され尽くして漂白される」とあります。

5）調色

漂白でシミ等の真珠の美しさを妨げる要因を取り除いた真珠は、本来潜在的に持っている美しさを補完するため、赤系統の染料で赤みを補います。調色は「アコヤ真珠の従来処理」として行われる工程です。基本的には染料を用いるものの、本来の繊維染色にみられる染色現象ではなく、また、真珠本来の色を変えるものではないということで染色とは区別して調色という用語が使われるようになったと考えられます。

調色の効果は連全体の色相形成に貢献し、何より連組み作業の効率向上に寄与します。染料を使った調色はアルコール（あるいは水）に溶かした染料を真珠核と真珠層の境界あるいは真珠層間に浸透させ吸着させるにすぎません。真珠の表面から内部へ深く浸透させることは不可能なので、片孔ないし両孔をあけた真珠を漂白（シミ抜き）し、染料液が少しでも浸透しやすくしてから作業します。この折、孔口や表面に付着した染料は温アルコールに漬けて除去し、同時に色調を調整します。

このように染料による真珠の調色は、染料が単に吸着するケースがほとんどであることから、調色後の褪色は光に対する染料そのものの堅牢度によって決まってくると考えられます。繊維染色が完了しているケースでの通常表記の堅牢度とは異なります。

今日まで真珠の調色に使用された染料で特筆されるのはローダミンＢやローダミンＧが挙げられます。これらは分子中にアミノ基（$-NH_2$）をもつ塩基性染料で水や有機溶剤に溶解し、真珠を鮮やかな色調としますが、佳人薄命の例えとされるほどに、日光に対する堅牢度が低く、調色後の真珠の褪色が激しく、褐色味を帯びるようになります。

この弱点克服のために、真珠加工企業は染料メーカーや大学研究室にその改良を求め、アクリル繊維用のカチオン染料やその他に酸性染料、分散染料、反応性染料等を試行しつつ今日に至っていますが、今日でも調色技術は真珠加工企業においてはノウハウとしてその技術公開はされていません。

その一方、「褪色しない染料は無し」として、調色加工をしない製品も「無調色」と呼称され流通する時代になっています。

6）研磨

①加工途上の研磨（酸洗い）

加工途上で（浜揚げ時も含めて）真珠表層にアレが認められる真珠は、炭酸カルシウム結晶が溶解したり、剥離した状態にあります。これらを除去し、健全な次の結晶層を露出させる必要があります。45度に傾斜した木製桶の機器に、極めて薄い酸性溶液（主に塩酸溶液）とともに入れ、回転させて不要な結晶を除去します（図163）。アレ具合や珠の総量で溶液濃度と洗浄時間を調節します。

酸ではなく、界面活性剤を使っての単純な桶洗いは、浜揚げ時の洗浄をはじめとして、その他、加工途中の洗浄として多く行われます。

図 163　木製桶の機器

②仕上げの研磨

主として（1）セーム皮研磨と（2）高速バレル研磨があります。

(1) セーム皮研磨

セーム皮が内張りされた球型ドラムに珠とチップ（竹、胡桃、コーン等）を入れ、ドラムを回転させて珠を磨き、最終仕上げを行います。

同類の仕上げ研磨として多角形の木製ドラムを使う方法も一般的です。

(2) 高速バレル研磨

「バレル」と呼ばれる容器に珠とコーンチップを入れ、高速で回転させて珠を磨きます。金属研磨からの転用であり、真珠の結晶成長模様が薄れるほどに研削力が強く、真珠の表面は鏡面仕上げになります。文字通りの最終研磨です（図164)。

図 164　高速バレル研磨機

上記で片穴材の加工は終了し、各個の評価付け(グレーディング)に進みます。

一方、両穴材は連組みの前段作業であるキズ選別に進みます。

7）連組み

初めにキズ選別という連組みの前段作業が行われます。生産効率を維持しながら、連相良く組み上げるための連材料のグルーピングです。形状別にキズの程度で区分されます。

キズ選別されたそれぞれのグループでも、色やテリは千差万別です。更に、実体色と干渉色そして輝き度合いの類似した珠同士で、連相の良いネックレスを作る作業が連組みです。センターが最大サイズで両端に向かって小さくなるように最終調整を行います。

8）通糸

この作業にもルールがあります。形状、キズを考慮して、すべての真珠がセンター側に美しい面を見せるように通糸をしなくてはなりません。

化学的着色法と物理的着色法

1）化学的着色法

①染料による着色

この着色法は、基本的には染料（顔料）を真珠内部の核と真珠層の間に浸透させ、真珠層の半透明性を利用してその色を見せる方法です。真珠層への着色は、前処理や漂白のシミ抜け跡や多層構造の微小な間隙への染料の浸透によるものですが、丸処理（無孔）では表層への着色となります（図165）。

図165　着色された真珠　左：ピスタチオ　右：ショコラ

現在、ブルー、ブラック、ゴールドに着色された真珠が市場に流通しています。また中国産淡水真珠はとりわけ多色で、オレンジ、バイオレット、ブルー、グリーン、ブラック等が見られます。

②硝酸銀による呈色

硝酸銀水溶液に真珠を入れ、真珠層の蛋白質部分に化学反応（還元作用）で遊離した銀を析出させて、真珠を黒くする方法です（図166）。ただし、蛋白質を酸化し､真珠層を脆弱化させてしまいます。従ってこの銀塩処理をした真珠では結晶同士の付着力が弱く、脆くなる傾向があります。

図 166　銀塩処理真珠

2）物理的着色法

①放射線（γ線）照射による呈色

コバルト60を線源としたγ線を真珠に照射すると、照射時間によってブルーから黒ずんだグレーに変色します(図167)。この変化は淡水産の貝から作った核には炭酸マンガンが比較的多く含まれ、γ線照射によって酸化マンガンに変わる結果と言われています。

図 167　放射線照射真珠（左）とナチュラルブルー系真珠（右）

主にアコヤ真珠を対象に行われていましたが、淡水真珠をグレーやブラック加工する（淡水真珠では、真珠層全体にマンガンが多く含まれるため真珠全体が黒褐色化します）場合や、近年ではシロチョウ真珠のグレー加工の例も見られます。

母貝別の加工特徴

アコヤ真珠以外の代表的な真珠の加工の特徴をまとめると次表となります。

種　類	漂　白	調　色	着　色	仕上げ研磨
シロチョウ真珠	近年多用	稀にあり	着色ゴールド 放射線グレー	近年高速バレル研磨多用
クロチョウ真珠	——	——	着色ショコラ 着色ピスタチオ 着色ブラック 銀塩処理（黒） 放射線グレー	高速バレル研磨常用
淡水真珠	◎	◎	着色諸カラー 銀塩処理（黒） 放射線グレー	高級品：高速バレル研磨あり

◎：アコヤ真珠とほぼ同様に一般的に行なわれています

シロチョウ真珠：従来、加工といっても製品化のために必要な穿孔と研磨のみでしたが、近年では連に漂白効果が見られるものがあります。稀にアコヤ真珠と同様の加工（調色レベル）が見られるものもあります。連、細工品ともにゴールド系の着色加工珠も多く、その技法解明には難解なものがあります。また、放射線処理によるグレーカラーも見られます。近年、高速バレル研磨が多用され、表面円滑度が向上しています。

クロチョウ真珠：アコヤ真珠のような漂白・調色は行いませんが、脱色加工・着色加工が施されたショコラやピスタチオ（図165）が少量ですが流通しています。また、放射線処理によるグレー、及び染料と併用した濃色グレー等もあります。銀塩処理によるブラック加工は大幅に減少傾向にあります。高速バレル研磨は早くから常用され、表面円滑度は特筆されるほどです。

淡水真珠：中国産淡水真珠は、今では一部のナチュラルカラーを除いてはアコヤ真珠と類似の漂白加工が行なわれ、仕上がり後にはそのまま、あるいはアコヤ真珠同様の加工（調色レベル）が施され、製品化されます。また低級品主体に、諸カラーの染料着色が施されているほか、放射線照射によるグレー、ブラック加工、および銀塩処理によるブラック加工も多く見られます。

Ⅸ

5つの劣化現象

真珠内部のわれ

真珠は、生物がつくる宝石であり、その緻密な構造ゆえの取り扱い方が必要です。真珠の特性を考慮せず間違った扱いをすると、真珠特有の劣化現象が発生する場合があります。この章では、その現象を「われ」「層の剥離による微小空隙の発生」「稜柱層起因の劣化」「変色・褪色」「溶解」、の５つに分類し発生メカニズムと対処方法について説明します。

1）核われと層われ

われには、核に入る“核われ”と真珠層に入る“層われ”があります。

核われは、主に養殖・加工の諸作業途中で発生します。核の層中に存在する異質層に亀裂が入り、われてしまうものもあります。核は、真珠層構造を持つ淡水二枚貝（通称ドブ貝）（図168）を削って球体にして作製されます。したがって多くの核の真珠層はほぼ平行に積み重なっています（図169）。そのため核われは、直線的に入ったものが多くなります。アコヤ真珠の核われは、強い光を当て観察するサーチライト法や光を透過させ内部を観察する光透過法で確認できます（図170、註１）。しかし、真珠層の厚いシロチョウ真珠や真珠層に色素が存在するクロチョウ真珠などは、確認が難しくなります。稀に核われの歪みが真珠層に伝搬し、層われに発展する場合があり、注意が必要です。

層われは、温湿度の急激な変化や繰り返しで真珠層中に歪みが溜り、層内の脆弱な箇所から発生します。層われは主に真珠層のまきが厚い南洋真珠にみられ、真珠

図 168　真珠層構造を持つ淡水二枚貝

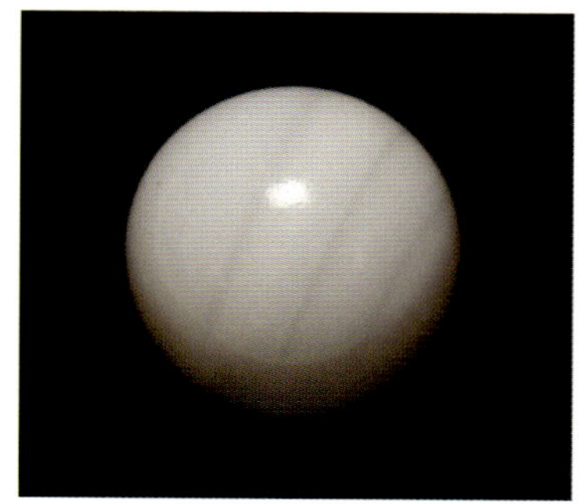

図 169　養殖に用いられる核（平行に縞が見える）

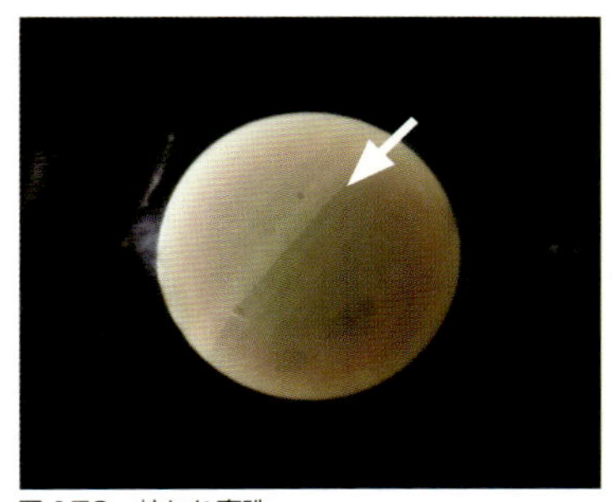

図 170　核われ真珠

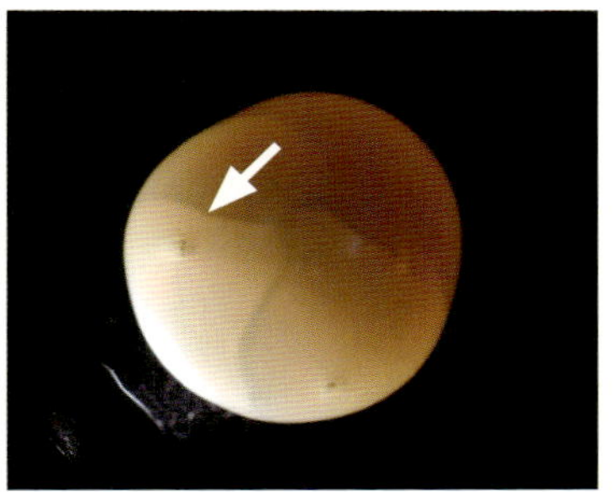
図 171　層われ真珠

層構造の特徴であるレンガ状構造に沿って斜めに進むため、われが曲線的になります。この層われも核われと同様、サーチライト法や光透過法で確認できます（図171）。しかし、核われ同様に真珠層に濃い色素の存在するクロチョウ真珠では層われの確認は難しくなります。

層われの主な発生箇所として、①核われからの拡大、②真珠層部、③稜柱層（稜柱層起因で後述）、④くぼみ（養殖キズ）の下方部、などがあります。④のくぼみの下方部には有機物や稜柱層などの異質層が存在しており（図172, 173）、この層から亀裂が発生することがあります。

この層われが主にシロチョウ真珠に発生する要因として、シロチョウ真珠はまきが厚くアコヤ真珠よりも歪みが大きくなること、またシロチョウ真珠の産出地は高温多湿地が多く、無孔の状態で保管されることが多いというシロチョウ真珠の流通形態などが影響していると考えられます。

修復は不可能ですので、流通前にチェックを行い、保管時は温湿度の変化の小さい場所や容器での保管が必要です。

註 1：サーチライト法：強い光を真珠から数センチメートル離して当て、観察する方法。
　　　光透過法：光源を直接真珠に接触させ、真珠の内部を観察する方法。

図 172　真珠表面にあるくぼみ（養殖キズ）

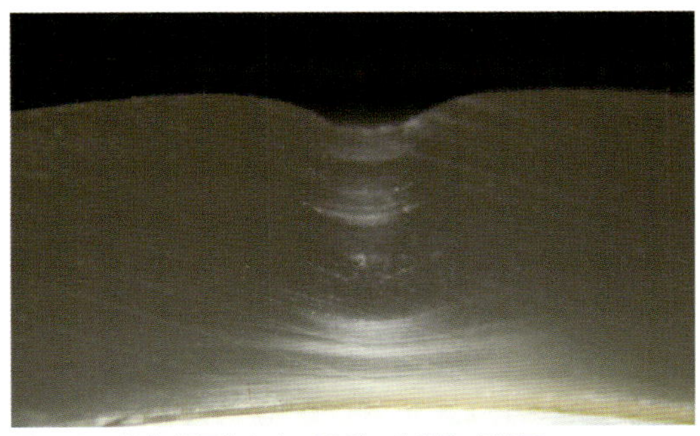
図 173　くぼみ断面拡大（× 100）　白色部：異質層

層の剥離による微小空隙の発生

真珠の加工により発生したひずみによって、真珠層の中に微小空隙が発生し層が剥離した「加工キズ」に進行する場合があります。空隙は真珠層内に入射した光を散乱させるため、その箇所は真珠光沢がなく白濁してしまいます。さらに劣化が進むと真珠層の剥離が表層に見られる珠もあります（図174）。

加工キズは、浜揚げ後の加工、特に漂白工程で真珠層の一部が劣化した場合に現れます。過度の漂白や、漂白液の誤選択などが主な要因です。漂白に使用される過酸化水素から発生した酸素が真珠層内に溜り、脆弱な箇所の歪みが「ひび」「スポット」と呼ばれる加工キズとなります。ひびは真珠表層部に発生した細かい亀裂（図175）で、目視で確認が難しい場合もあります。スポットは真珠層表層部にできた隙間により白い斑点のように見える加工キズです（図176）。これらの加工キズもサーチライト法や光透過法で確認できます。修復は不可能ですので、流通前のチェックが必要です。

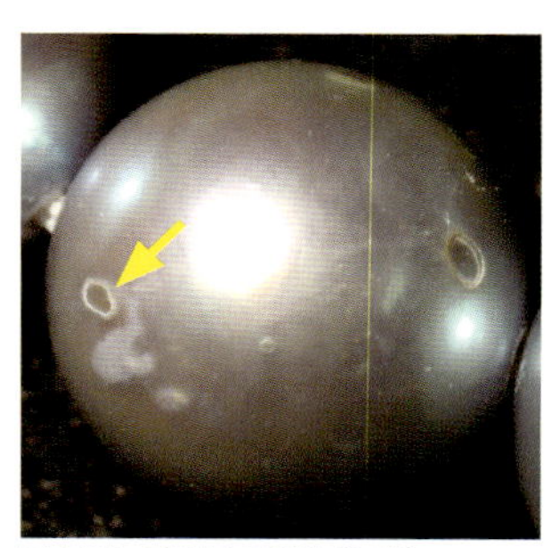

図 174　真珠層の剥離（矢印）

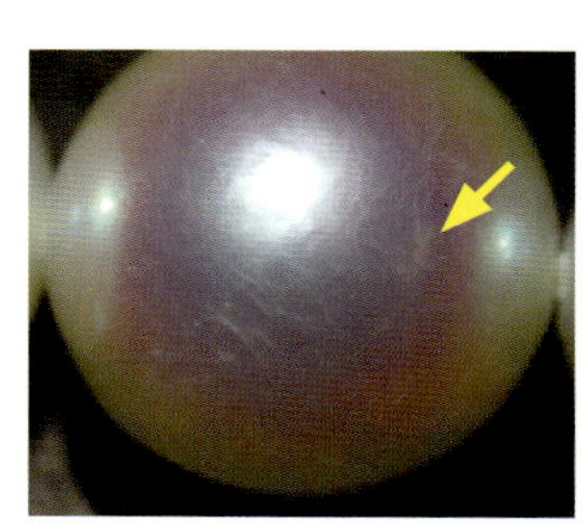

図 175　加工キズ（ひび）

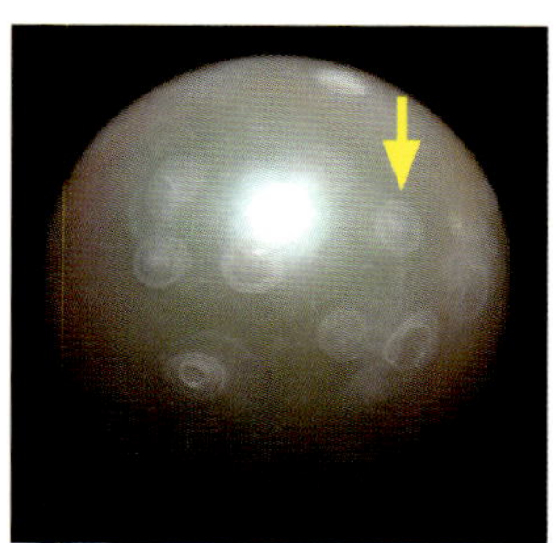

図 176　加工キズ（スポット）

稜柱層起因の劣化

養殖中、真珠袋が一時的に有機物や稜柱層などの異質物を分泌し、その後真珠層を分泌した場合、核と真珠層の間や真珠層間に異質層が存在することになります（図177）。この異質層は、真珠層よりも水分や有機物を多く含んでいるため、乾燥などで亀裂が発生しやすくなります。この亀裂が真珠層に伝搬し、層われになる場合があります（図178）。また真珠表面にくぼみ（養殖キズ）があり、このくぼみの底面が異質層であったり、くぼみの底面は真珠層であっても下方部に異質層が存在したりします（図173）。

真珠層の下の異質層が厚い場合や、異質層が一部露出している真珠は、より劣化しやすいので流通前にチェックが必要です。

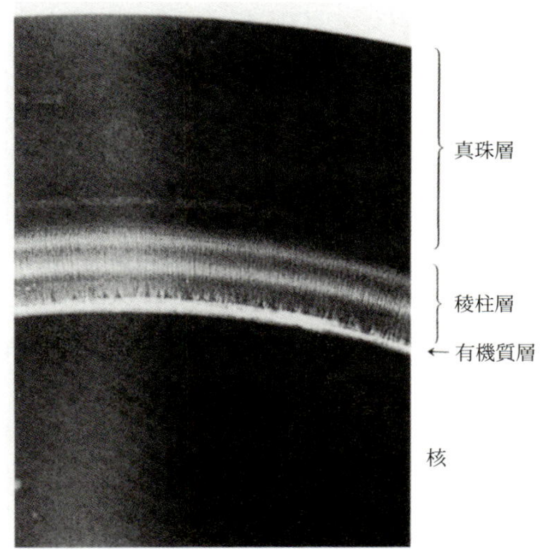

図 177　養殖真珠断面のレントゲン画像

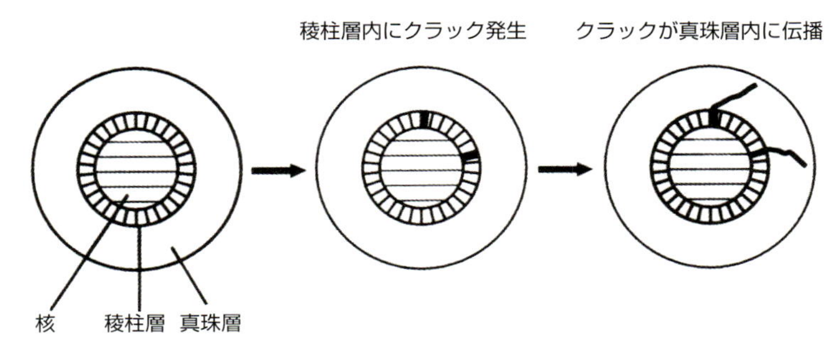

図 178　稜柱層から層われになる模式図

変色・褪色

真珠層構造は、炭酸カルシウムとタンパク質などの有機基質から構成されています。この有機物は、光の紫外線や温度によって変質し褐色に変色することがあります（図179）。長い期間真珠を光の当たる状態や温度変化の激しいところで保管すると、真珠はわずかに褐色を帯びていきます。

また、真珠の有彩色が褪めることを褪色といい、主に以下の３つがあります。

ひとつは、調色や着色の染料の褪色です。紫外線や温度により、変色を伴って黄ばみながら色が褪めていきます（図180）。間違えてはいけないことは、真珠層構造が作り出す干渉色の赤みは褪めないということです。

次に、真珠層内の色素の褪色です。真珠の色素は、アコヤ真珠やシロチョウ真珠の黄色、クロチョウ真珠の赤褐色･緑褐色、淡水真珠のオレンジ･紫等がありますが、特に淡水真珠の色素は加熱で褪めやすく、100℃１時間で褪色するといわれています。

最後にブルー系真珠の黒味の褪色です。この黒味は、核と真珠層間の異質物が真珠層を通して透けて見える色です。一般的には前処理による乾燥で褪色させ、色調が安定してから流通させます。しかし、時間と共に湿潤・乾燥が繰り返されることによって異質物が収縮し、生じた空隙が光の散乱を起こし、黒味が薄くなることがあります（図181）。この褪色は、指輪などよりも異質物が空気に触れやすいネックレスに起こりやすい現象です。

異質物の収縮による褪色は、高分子化合物を隙間に充填することで（マイクロパーマネント処理　註2）ある程度復元できる場合もあります。これら一部を除いて変色、褪色は、修復が不可能です。使わないときはケースにいれ、温湿度変化を少なくするなどが必要です。

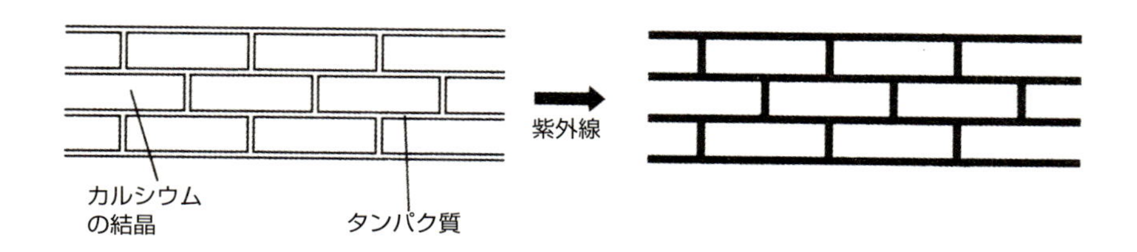

図 179　変色の模式図

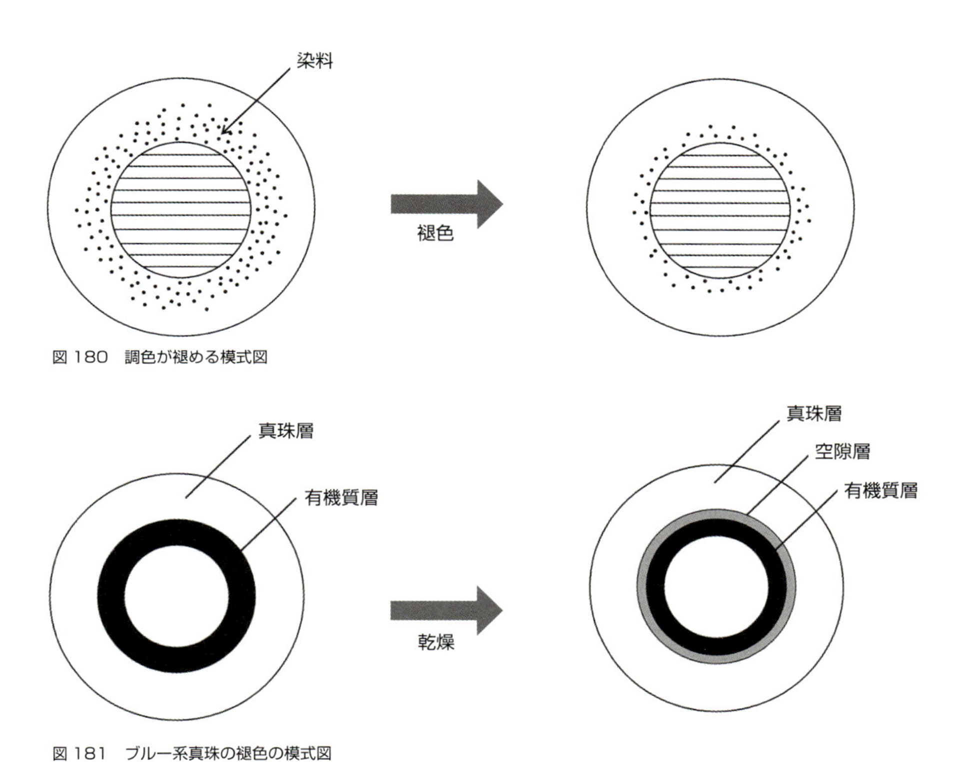

図180　調色が褪める模式図

図181　ブルー系真珠の褪色の模式図

註2：マイクロパーマネント処理とは、美術品、文化財の保存修復技術を参考に開発した方法。真珠表層部に存在する微小な空隙をある種の化学物質で埋め、アレを起こりにくくする技術。表面コーティングとは異なります。

真珠表面の溶解

真珠層は主に炭酸カルシウムと有機物で構成されており、炭酸カルシウムは酸に、有機物はアルカリに溶解します。したがって着用した真珠をそのまま放置しておくと、汗（皮脂）や化粧品などで表面の溶解が始まり、荒れてしまいます（図182）。荒れた真珠表面に当たった光は散乱するので、真珠のテリは弱くなります。ただし、着用後に汗や化粧品を専用の布で拭きとるなどの手入れで、ある程度真珠のテリが維持できます。また軽度な溶解は真珠のごく表面での劣化ですので、修復は可能です。真珠層構造は微細な積層構造であるため、ごく表層のみを取り去ることで、次の健全な層を露出させ、もとのテリをよみがえらせることができます。

図 182　汗などでできた微小孔（× 100）

X

修復保存法

日常的手入れ法

1）「使用後は拭く」が原則

真珠の手入れは『使用後は拭く』が大原則です。真珠は「手入れが不可欠な唯一の宝石」だからです。

鉱物であるダイヤモンド、ルビー、サファイア、エメラルド等の無機質宝石に対して、真珠は、生物の分泌代謝を通して生み出された炭酸カルシウムとタンパク質等の有機物から成る宝石です。真珠層の90％以上を占める炭酸カルシウムは、結晶の形や構造は異なりますが大理石の主成分（註１）と同じです。大理石の像が酸性雨で溶けてしまうことが大問題になりましたが、炭酸カルシウムは酸で溶けるという性質があります。そのため真珠は手入れが不可欠な宝石と言われています。その手入れ法や修復方法は、炭酸カルシウムと有機物の層が何百、何千と積み重なった真珠層構造が関係してきます。

汗や皮膚分泌物（脂肪分等）は、真珠にとって大敵です。蒸発しにくいので、化粧品などと混ざり合い真珠の表面に付着します。そのまま放置すると、(i) 弱酸性 (ii) 強粘着力　(iii) 非揮発性などの理由から、徐々に真珠の表面の炭酸カルシウムを溶かしていきます（図183）。この現象は極めてミクロレベルのことですが、表面

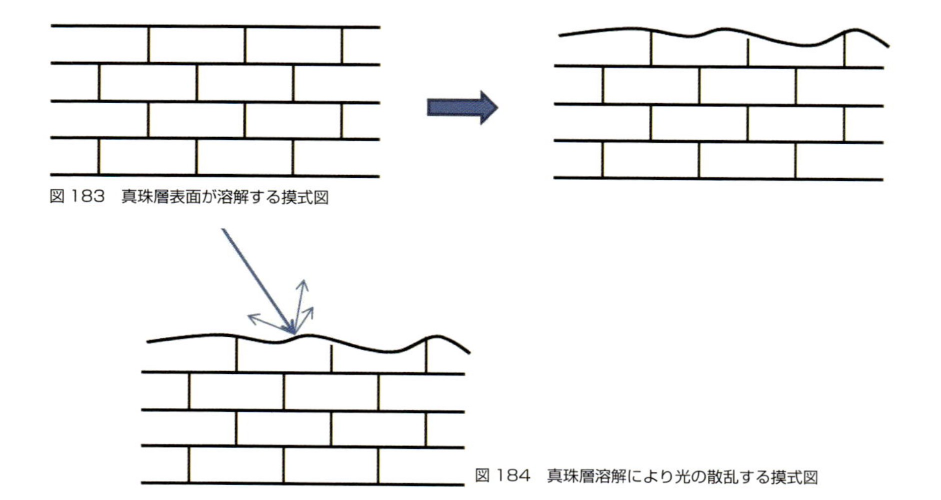

図 183　真珠層表面が溶解する摸式図

図 184　真珠層溶解により光の散乱する摸式図

にできた凹凸により光の散乱が起きてしまいます（図184）。光の散乱が起これば、真珠のテリが鈍化し白濁化して見えるようになります。

このような現象が起きないようにするには、汗などが付いたままで保管しないことです。つまり「真珠製品を着用した後は必ず拭いてからしまう」ことを励行すればよいのです。真珠の表面に付いた汗や汚れを拭き取ることが、真珠の白濁化を防ぐ最良の手入れ法となります。

註1：大理石は結晶質石灰岩。炭酸カルシウムを50％以上含む堆積岩。

図185　真珠クリーニングクロス

図186　真珠てりクロス

図187　真珠てり畳紙

2）超極細繊維クロス

拭くものは真珠にキズがつかないような柔らかい布がよいのですが、拭き取ることを効率的かつ効果的に行うための、先端技術が活用された布があります。「超極細繊維」と呼ばれる、日本が世界に先駆けて開発した拭き取り布です。その拭き取りのメカニズムは、「超極細繊維構造体が表面の汚れを拭き取り、次いで拭き取られた汚れは水性および油性成分と共に流動しながら、繊維構造体の内部にある空隙に移動して収積される」と説明されています（註2）。真珠層表面の付着物は粘着性があるので、完全に拭き取るためにはこのような先端技術製品を使用することが最も効率的ということになります。

現在、お手入れ用として超極細繊維の「真珠クリーニングクロス」（図185）、このクロスにテリ出し機能を加えた「真珠てりクロス」(図186)、素材は異なりますが真珠製品の持ち運びに収納することで汗などの汚れを取り去り、テリ出し機能も備えた「真珠てり畳紙（たとう)」(図187）が開発されています。

註２：超極細繊維。高密度微細構造を持っているため毛細管現象で汚れを吸い上げ、布地内部のすき間に運びます。布表面に汚れが残りにくいため、汚れの再付着も防げます。

状況に対応する修復法

真珠が白くくもってしまった場合に行われるのが、真珠のクリーニングです。これは、ごく表面の溶解した部分を取り去り、もとの「テリ」のある美しさをよみがえらせることで、いわゆる「真珠の新品仕上げ」です。

真珠に微細な凹凸ができてしまった場合は、真珠表面の汚れだけを取り去ってもテリは失われたままです。何百、何千層とある真珠層の表層数枚に凹凸ができたために白濁しているので、マイクロ研磨で新しい層を出せばよいのです（図188)。この研磨はミクロレベルのことですから、珠のサイズが小さくなるといった心配はありません。

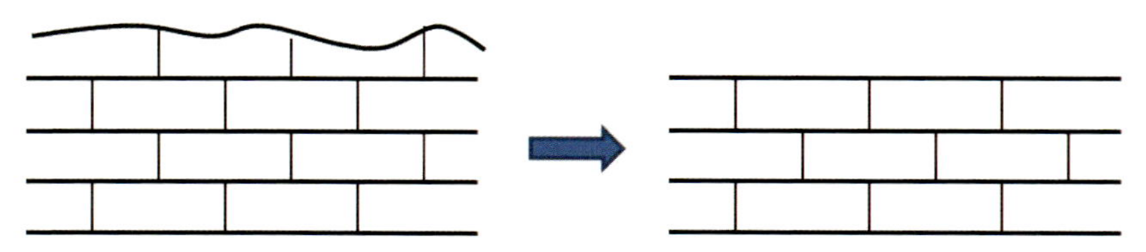

図 188　クリーニングビフォーアフター摸式図

研磨剤が練り込まれた「真珠リフレッシュクロス」(図189）を用いても、マイクロ研磨することができます。また、研磨作業をより完全にかつスピードアップできる機器が開発されています。ネックレスを製品のまま、ブラシでクリーニングできる「パールリフレッシャー」(特許第5303735)（図190）です。

また真珠の溶解が重度の場合には、状況に応じて「酸洗い」や「遠心流動バレル」等を使用して修復することもあります。

図189　真珠リフレッシュクロス

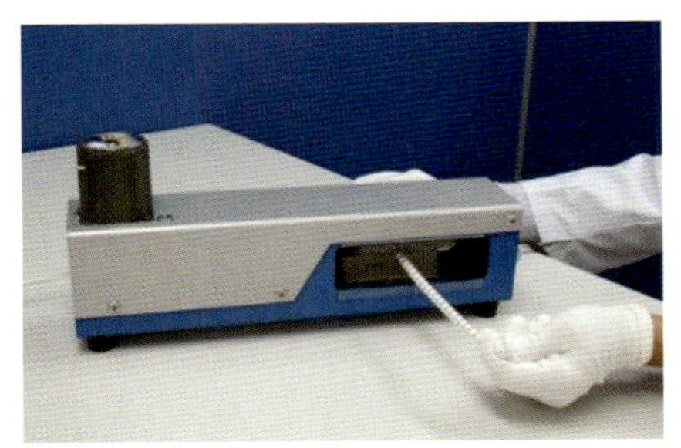
図190　パールリフレッシャー

最適な環境を整える保管法

真珠のすばらしい輝きや色をいつまでも保ち続けるためには2つのことに注意が必要です。ひとつは光、特に紫外線を長期間当てたままにしないようにすることです。紫外線により真珠の有機物が「やけて」黄ばみがでてきてしまうからです。もうひとつは極端な乾燥や湿潤状態に置かないことです。

日本の気候を眺めてみますと、四季を通して温度変化、湿度変化が常に起きています。夏と冬、あるいは昼と夜、室内と室外、と変化します。この変化は真珠に対し影響を与えます。ひとつには結露があり、真珠表面に露がついた時、真珠表面に軽微な溶解現象が見られることがあります（図191）。また、湿気を吸って膨潤し、乾燥して収縮と、「真珠に膨潤・収縮の繰り返しをさせる」という影響です。この膨潤収縮は極めてミクロなレベルで起こっています。普通に見たのでは気づかないものでも、小さなひびやわれが真珠に存在していた場合、膨潤・収縮の繰り返しによって徐々に大きくなっていきます。そして、ある大きさになった時に初めて気付くようなことがあるのです（図192）。

このようなことを防ぐためには真珠に膨潤・収縮を起こさせないようにする必要があります。湿度が常に一定に保てる環境で保管すればよいわけです。

この湿度を一定に保つ環境のひとつとして、桐のタンスやケースでの保管があり

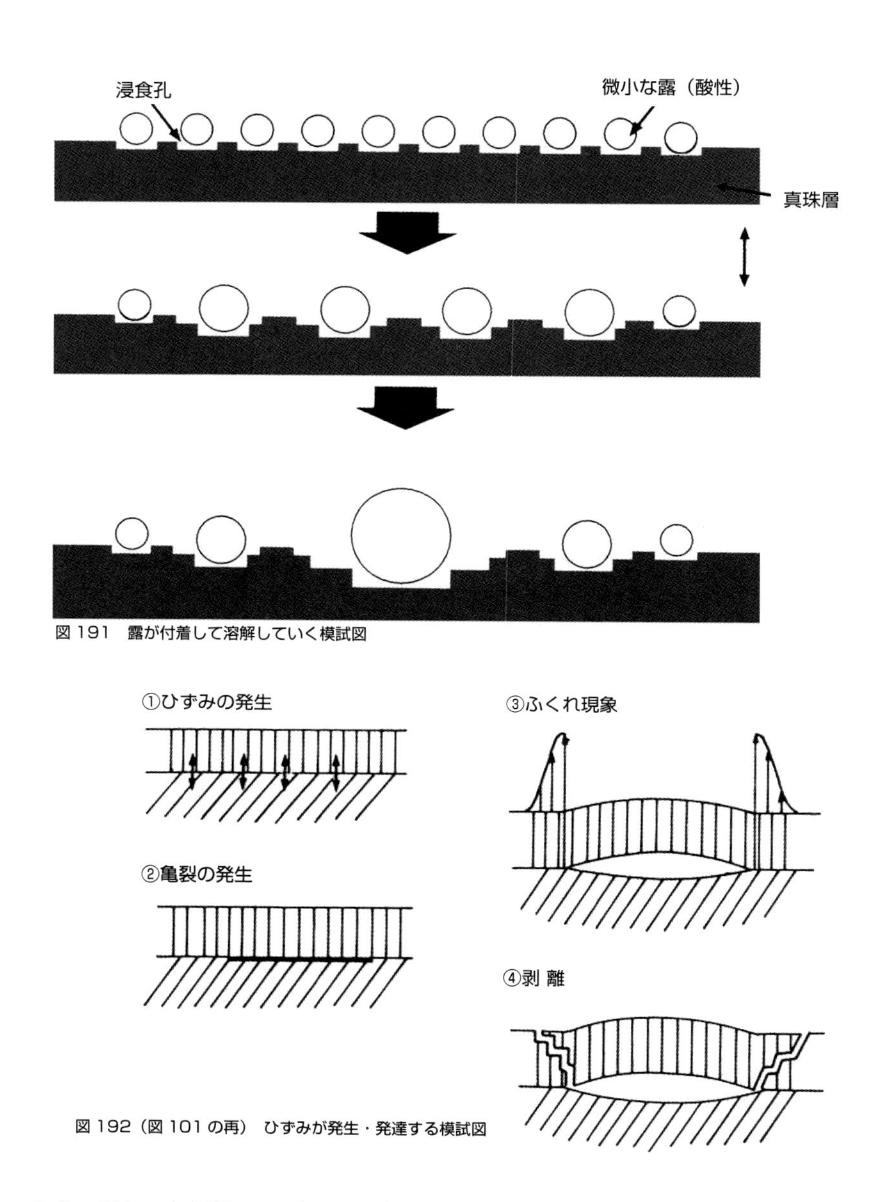

図 191　露が付着して溶解していく模試図

図 192（図 101 の再）　ひずみが発生・発達する模試図

ます。桐という材質は、周りの環境が乾燥すると自分の持っている水分を放出して湿度の低下を防ぎ、逆に湿気てくると空気中の水分を吸収し、湿度の上昇を防ぎます。このような働きを「湿度調整機能」といいます。

文化財保存の分野において、美術品は展示中や収蔵中、運搬中においても、湿度を一定に保たなくてはなりません。そこで用いられているのが「アートソーブ」です。シリカゲルに特殊な処理をして「湿度調整機能」を持たせています。真珠も個人が所有する一種の文化財ですから、真珠の保存のための「湿度調整剤」が開発され、実用化されています。

その真珠専用の「湿度調整機剤」が、「パールソーブ」（図193）です。また「パールソーブ」を使用して、真珠収納ケース「パールキーパー」（特許第257717号、商標第5465622号）（図194）も開発実用化されています。この「湿度調整機能」（図195）を持った収納ケースで保管することが、真珠に最適の環境といえます。

図 193　真珠専用湿度調整剤「パールソーブ」

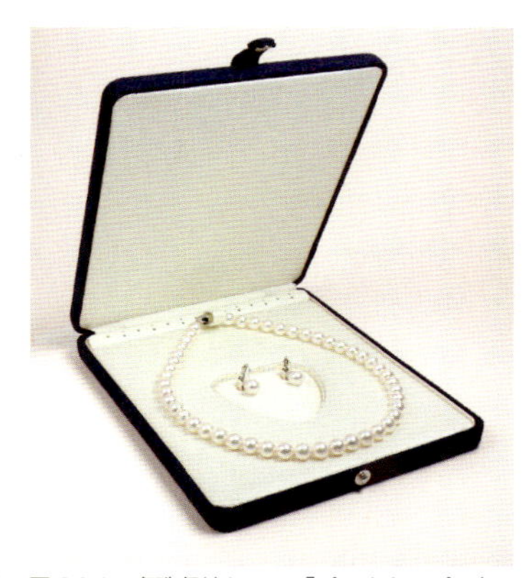
図 194　真珠収納ケース「パールキーパー」

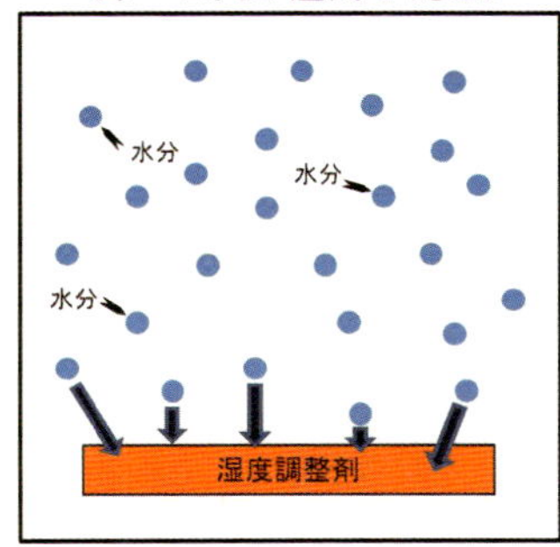

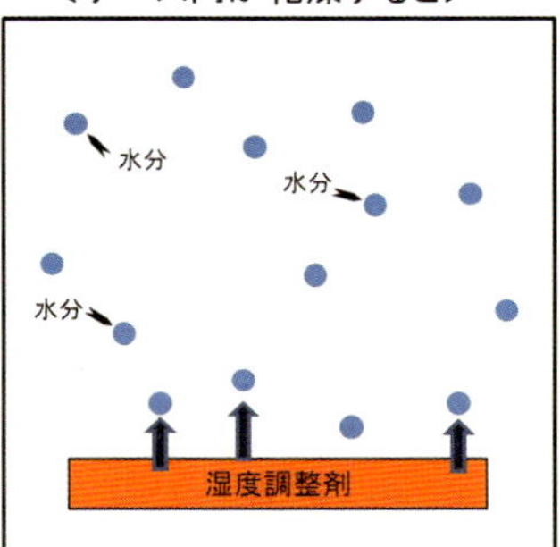

図 195　湿度調整機能の模式図

また、日常的な保管には以下の点を心掛けて取り扱うことをお勧めします。
①硬い宝石や貴金属と一緒に保管しない。
②炊事、洗濯、入浴時にはなるべくはずす。
③果実や酢物を食べる時には汁が付かないように注意する。
④真珠製品を身に着けたまま噴霧型化粧品を使わない。
⑤使用後は真珠表面に付いた汗や化粧品などをできるだけきれいに拭き取って保管する。
⑥ネックレス類では身に着ける前や、使用後に糸にゆるみはないか、糸が弱っていないかの確認をする。
⑦定期的に専門家によるクリーニングを行う。

定期的クリーニング法

一般的に真珠は「弱い」と思われていますが、正しい扱い方をすることで数百年間も美しさを保つことができます。その例は、世界の博物館の展示物として見ることができます。つまり、真珠をよく知ることでその美しさを永続させることができるのです。

真珠使用時に表面についた汚れは、真珠を拭くことである程度きれいになります。しかし、珠同士が接している孔口付近まで拭き取ることは難しく、時には孔口を通って真珠内部に汗が入り込む場合もあります。使用頻度にもよりますが、様々な意味から専門店による診断を１年に１回受け、必要に応じてクリーニングすることをお勧めします。

パール リフレッシャー

定期的クリーニング、とりわけ「テリの復元」を、容易に行うために開発された機器です。初代から何回も改良されて、コンパクトに完成された機種です(図190)。真珠は皮脂膜（汗と皮脂が混ざったもの）や汚れによって表層が溶解して、テリを無くすのが一般的です。この場合、拭き取りだけでは、テリの復元は不可能です。溶解した表層を除去して、美しい次層を出してやらねばなりません。

パール リフレッシャーは、上下２段のブラシが１ミリの間隔でセットされ、間に挟んだ真珠を磨きます。珠と珠の間にもブラシが入り、ネックレスをそのまま研磨します。通常約10分の研磨で元のテリを復元します。

重要なポイントは、このブラシには研磨材(コンパウンド)が練り込められていることです。この研磨材が溶解した真珠層を剥ぎ取って、美しい次層を露出させるのです。(0.4ミリのまきがあれば、真珠層は数千層ですから、数層を剥がしても全く問題ないわけです。)

この機器は、真珠科学研究所と日本大学理学部によって開発されました。当機の取り扱いには、その要領修得に「真珠 C&E（クリーニング＆エステ）マスター講座」の受講が必要です。

真珠の「テリの復元」の決め手となっています。

XI

宝石としての真珠

宝石の条件

ある物質が宝石とされるには、輝きや色が美しいことが第一の条件となります。そしてある程度の希少性と耐久性が必要です。

その宝石にはさまざまな種類があり、その成因や性質によって分類されています。大きく分けますと無機起源と有機起源があります。無機とは、地球内部の地質作用などによって形成された結晶（註1）や非晶質（註2）の鉱物で、宝石として扱われる鉱物には、ダイヤモンド、ルビー、エメラルド、ガーネットなどおよそ７０種類があります（図196）。一方、真珠、さんご、こはくなどの生命活動に関係してできているものを有機起源と分類しています（図197）。その中でも真珠はミクロン単位のアラゴナイト結晶が球体に積層構造をなしています。その球体に光があたると透過と反射による光の干渉という光学現象が見られます。

真珠はその美しさから、貴石（プレシャス・ストーン）として、さらにはダイヤモンド、ルビー、サファイア、エメラルドとともに五大宝石として数えられ、特に大切に扱われてきました。宝石としての３つの要素である美しさ、稀少性、耐久性について、真珠を他の宝石と比較すると、神秘的な真珠の特質を知ることができます。

図196　無機起源の宝石

図197　有機起源の宝石

註1　結晶：規則正しい原子配列（結晶構造）を持ち、いくつかの平滑な面（結晶面）で囲まれた幾何学的な多面体のこと。
註2　非晶質：内部の原子構造が不規則で、結晶構造を持たない物質のこと。『宝石宝飾大辞典』 近山晶編（1995）近山晶宝石研究所より

光沢とは異なる「テリ」の美しさ

宝石の美しさの基準は人によってさまざまですが、一般的には、「カット」「形」「色」「透明度」「光沢」という光学効果の５つを基準としています。五大宝石に挙げられた宝石はそれぞれ魅力的な光学効果があらわれることでも共通しています。

例えば、インクルージョン（内包物）は、多くの宝石においては、その宝石ができるまでの履歴を知るうえで大切ですが、ルビーやサファイアに見られるアステリズム（スター効果）などの美しい光学効果を生むこともあります。そして、品質の良い真珠には、強い「テリ」があらわれます。この「テリ」は鉱物宝石の光沢とは異なり、輝きを伴った色、つまり干渉色を指します（図198）。これは、真珠を形成する結晶層が整然と積み重なることで生まれる、光の干渉によるものです。この光学効果こそが、真珠が美しい宝石として讃えられる最も大きな理由ではないでしょうか。

図198　干渉色があざやかに現れるテリの良い真珠

生物が作り出した真珠の稀少性

ダイヤモンド、ルビー、サファイア、エメラルドは特定の産地によっては、品質が高く産出が少ないことから高額で取引されることがあります。また鉱物は、ある程度市場に出回る量をコントロールすることができます。それに対し、流通している真珠の大半は養殖によって産出されたものですが、その中でも特に美しい真珠の量は、海の環境や天候などの自然の影響を受け、完全に予測することは難しいものです。

また真珠は鉱物と異なり、同一成分、同一構造の合成宝石をつくることができません。生物が作り出す緻密な構造を人工的に作り出すことは不可能です。模造真珠は、印象や見た目を似せて作られたもので、化学的組成や物理的特性が異なります。

鉱物は、採掘・回収後さまざまな形にカットされ宝石となります。しかし真珠は、一般的に真珠本来の美しさを引き出すための加工が行われますが、基本的にカットや研磨をする必要がありません。また、不定形のバロック・シェープは、母貝から取り出されたそのままの形が唯一無二であるため、ユニークで美しいものです。黄金比（1：1.618）に近いペア・シェープは希少性が高くなることがあります。世界の美術館には、天然真珠も含め、このような真珠そのものの形を生かした芸術性の高い作品が数多く収蔵されています。

「硬度」「靭性」「安定性」の３つの耐久性

耐久性には３つのタイプがあります。引っかき傷や摩耗に耐える強さは「硬度」、加えられた外力に対する壊れにくさ、割れにくさは「靭性（じんせい）」、光や熱などの物理的な力や薬品などの化学的物質に対する抵抗力は「安定性」と呼ばれています。

硬度検査には、モース硬度という相対的な10段階の指標が用いられます。ダイヤモンドは10、真珠は3.5です。硬い鉱物ほど良い研磨により強い光沢を示します。真珠は他の宝石のような強い光沢は発しませんが、柔らかい独特の輝きを持っています。これは表面の光の反射だけではなく、真珠層内部の光学効果によるものです。

硬度は表面に対する性質ですが、靭性は物質本体の性質です。結晶の中で原子の結びつきが比較的弱い部分に大きな力をかけるとダイヤモンドのように硬度の高い石でも割れることがあります。真珠の靭性は他の宝石と比べ普通です。

真珠は、熱、乾燥、酸などには注意が必要で、ある一定の繊細さをあわせ持った宝石です。しかし、使用後に表面を拭くだけで経年変化に違いがでますし、専用の手入れケースで保管しますと、その美しさをある程度維持できます。

真珠は、有機起源の宝石で微細な真珠構造をしており、カットや研磨などの整形加工を必要としない特殊な宝石です。そして、繊細な一面と類まれなる光学性質を持ち合わせています。歴史的に見ても多くの逸話や伝説があり、絵画などを通じてそれを知ることができます。真珠は「人類が最初に出会った宝石」と言われる所以となっています。

オーローラ現象

ホワイト系真珠に現れるオーロラ効果　ホワイト系真珠　ブラック系真珠に現れるオーロラ効果　ブラック系真珠

XII
品質と価格

価格設定の手順

国内外を問わず、統一した品質評価基準はありません。事業各社が独自に価格評価基準とそれを定めるシステムを設定しています。そこでは、価格は流動的ですが、品質基準は絶対的なものだということです。

アコヤ真珠を例にとると、原料珠（浜揚珠）の多くは、生産地（伊勢、長崎、愛媛、熊本）の生産者団体が主催する入札会で取引されます。仕入れ各社は自社の旧来の価格表の原価（仕入れ価格）をベースに、生産状況、流通市況、業界流行に自社戦略を加味して、限られた時間で応札し（戦略的な価格となる）、落札された価格が相場を形成します。この相場をベースにして従来価格表を見直し、新しい価格表を作成し、加工されて仕上がった製品に適用し、その後の流通価格のベースとします（しかし、流通先である、卸・小売ステージ事情でその価格が通らず、結果、利益が圧縮されることも珍しくありません）。

各社は自社の評価価格にこだわりつつも、現実の各ステージの相場の影響を受けざるを得ないというのが実情です。この傾向は翌年の浜揚げまで続くことになります。

ここでは価格を決定するための評価基準と、そのシステムについて、その概要をみてみましょう。

(1) 先ず品質要素を、色、テリ、まき、キズ、かたちの５つとします。アコヤ真珠を例にとると、色はナチュラルブルーは別途評価として、干渉色と実体色を総合して区分するのが一般的です。ピンク（ホワイトピンク・グリーンピンク）、クリームピンク、ホワイト、グリーン、ライトクリーム、イエロー、ゴールドという具合です。

(2) 次に、各要素ごとに評価段階を設定します。各社によって異なりますが、次に一例をあげます。

テ　リ：最強／強／上／中／下
ま　き：厚／中／薄
キ　ズ：無／小／中／大
かたち：ラウンド／セミラウンド／オーバル／ドロップ／バロック

これらの段階を分ける基準は、マニュアル書、あるいはマスターパールを置くことになりますが、ほとんどは習熟者の熟練による目視評価に委ねられているのが実情です。

(3) 以上の品質面での評価は、各社独自の指数で算出されて、最終的に価格設定されます。

それらの指数表は、サイズごとに同じものを毎年の相場を反映するように調整される訳です（図199）。

前記（1）（2）の品質評価はほぼ固定されており、(3) の指数、及びそこから算定される金額は流動的であるというわけです。

上記以外に価格に影響する要素では、ネックレスの連相があり、粗いものは下方修正されることが多くなります。

アコヤ真珠以外の、一般に流通する真珠においても、品質要素、評価段階に特有の区分がありますが、類似の方法で価格決定がなされます。

希少品や規格外品は、ある程度の市場価格はあるものの、基準化は難しく個別対応されます。

品質要素と価格の相関（指数表）の一例

色（干渉色＋実体色）とまきの相関（指数）

	厚まき	中まき	薄まき
ピンク	100	80	60
クリームピンク	85	65	50
ホワイト	40	25	10
グリーン	30	20	10
イエロー	25	10	5
ゴールド	35	15	-

キズとかたちの相関（指数）

	ラウンド	セミラウンド	ドロップ	バロック
無	100	75	30	15
少	80	65	25	10
中	70	45	20	5
多	40	30	15	5

テリ〈輝きの部分〉の指数

〈輝き〉	指　数
強	100
中	75
弱	45

図199（図56の再）

XIII

装いのルールとマナー

真珠を装うこと

1）真珠の特徴

真珠は形状やテリなど他の宝石にはない、美しさや特徴があります。着装を考える前に、まずその特徴を整理しておきましょう。

①形状の特徴

一般的な真珠の形は「球」（図200）です。

広辞苑によると「球」の意味は「丸い形」「丸いもの」「たま」で、さらに「丸い」には、「かどかどしくない」「穏やかである」「欠けたところがない」「円満である」です。

これらが示すように真珠には、穏やかでやさしい、調和のとれたイメージがあり、欠けたところがないという完璧さが、「きちんとした」印象を醸し出しています。

図200（図51の再）

②テリ（輝きを伴った色）こそ真珠の命

真珠には特有の色があります。一つは真珠の内層に含まれる実際の色（実体色といわれる黄、ブルー、黒）、もう一つは真珠の構造から見える光学的な色（干渉色といわれる、ピンクやグリーン）です。多くの場合、この２つの色が相互作用して真珠の色となります。画一的な表面色でなく、奥深い、この光学的な色彩こそ真珠特有のもので、真珠同士、また肌の色や洋服など、どんな色とも相性が良いという優れた特徴になっています。

2）真珠を装うことの視覚的、心理的な影響

真珠の特徴と歴史や習慣から、真珠の装いには「きちんとした」「正式な」「フォーマルな」「エレガントな」という視覚的な印象があります。そのような装いが必要とされるＴＰＯや気分の時、私たちは装いに真珠を取り入れたいと思います。また、女性として、必ず持っておきたいジュエリーの一つで、真珠の宝飾品、特に連のネックレスを持つこと、装うことは、大人の女性のマナーとも言われています。

3）現代の真珠の装い

ファッションの進化とともに、真珠を使った宝飾品の取り入れ方も変化してきました。

真珠の装いの多様化の原点は、一般的に20世紀前半、ココシャネルがイミテーションの真珠を取り入れたコレクションを発表したことにさかのぼるといわれています。女性の日常のおしゃれを提案したこと、そしてそれに真珠を取り入れた先駆者です。

さらにファッションは進化し、現代ではカジュアルなシーンにも真珠がたくさん取り入れられるようになりました。とりわけ、オーバルからバロックまで、それぞれの真珠の持ち味はその形状の妙と無二の色調とが相乗し、長短のネックレスを始めとして、ペンダント、ブローチ、リング、イヤリング等の装飾品にそのデザインの広がりを見せています。まさに真珠は、すべてのシーンに着装できる数少ないオールマイティな宝飾品となりました。

知っておきたい装いの基本

真珠は身に着けるために様々なアイテムに加工されます。デザインの種類は数えきれないほど豊富です。それぞれのアイテムの特徴と基本的なデザインや着装の効果を知ることが大切です。ここでは代表的なアイテムを取り上げます。

1）ネックレス

ネックレス（図201）は、胸元に着けるため、装いや顔の印象に影響するアイテムです。真珠のネックレスを着ける時のポイントは3つ、「長さ」「大きさ」「色」です。

真珠のネックレスの基本的なデザインである連のタイプでみていきましょう。

図201

①長さ

同じ長さのネックレスでも、着ける人の体型などによって見え方は、少し違ってきます。大切なのは、ネックレス自体の長さではなく着けた時のトップの位置です。一般的な真珠の連のネックレスの代表的な長さには次のようなものがあります。着装した時の効果とともにまとめてみました。

★約 40 センチ～ 45 センチ（チョーカー）（図 202-1）

もともとは「choke（首を絞める《英》）」が語源と言われ、正確には首の付け根にぴったりと沿う長さです。最近では「チョーカータイプ」として、基本的な長さを言うことが多くなりました。顔の近いところに着けるのでフォーマルな印象、華さを演出します。

★約 60 センチ（マチネ）（図 202-2）

チョーカーの1.5倍で、ヨーロッパの午後の観劇に用いられる代表的な長さだったことから「マチネ」（舞台など昼間の公演の意《仏》）と呼ばれています。

ゆったりした長さで首回りに空間ができます。また胸元に垂れて、着装時に少し揺れるのでエレガントな印象になります。

★約 80 センチ（オペラ）（図 202-3）

チョーカーの２倍の長さで、ヨーロッパの夜の観劇に用いられる代表的な長さだったことから「オペラ」と呼ばれています。かなり長く、二重にして装うこともできます。長くして着けると縦のラインが強調され、立ち姿を美しく見せる効果があります。

図 202-1　約 40 センチ～ 45 センチ（チョーカー）

図 202-2　約 60 センチ（マチネ）

図 202-3　約 80 センチ（オペラ）

図 202-4　約 120 センチ（ロープ）

撮影／西川節子

★約 120 センチ（ロープ）（図 202-4）

チョーカーの３倍で、長いというイメージから「ロープ」と呼ばれています。二重三重にしたり、ノット（結び目）を作ったりしてデザインを変化させることもできます。ファッション性の高い長さと言えるでしょう。

②大きさ

長さと同じように大きさもネックレスの大切な要素です（図204）。実際は、長さと大きさとの組み合わせで印象が決まります。

★３ミリ以下

ベビーパールとも言われ、多連やデザインネックレスに使用されることが多い小さな真珠です。可愛らしく繊細な印象です。

★4−5ミリ

小さめで華奢な印象です。日常にも着用しやすく、ペンダントトップと合わせて使用することもできます。

★6−7ミリ

TPO も選ばず、平均的な女性の身長に合わせやすい一般的な大きさです。特に7ミリ前後のものが多く使われています。

★8−9ミリ

存在感を感じさせる、人気のある大きさで華やかさがあります。背の高い方には、この大きさがバランスよく見えるでしょう。

真珠ネックレスの基本の長さ

クラスプ（留め金）の長さを足して42センチ〜 45センチくらいのものが一般的にチョーカーとして販売されています。この長さがどんな洋服でも、どんなTPO でも着装しやすい長さだからです。より美しく装うには、自分にとっての基本の長さを知っておくと良いでしょう。

首の付け根のくぼみから１センチ〜２センチくらい下にトップがくる長さが基本です（図203）。それより長くなるとエレガントな印象に、短くなると若々しく、またフォーマルな印象になります。シンプルな連のネックレスのほとんどは、長さの調整が可能です。

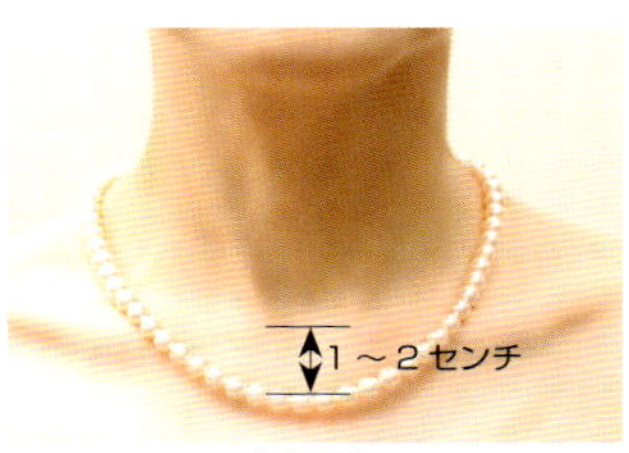

図 203

モデル撮影／西川節子

★ 10ミリ以上

あこや真珠では最大級の大きさですが、南洋真珠など真珠の種類によっては、このサイズ以上が中心になります。豪華さと存在感があります。

図204

③色

真珠には品質論の章で述べたように真珠の持つ実体色と、その構造からくる光の干渉色があります。黄色（ゴールドを含む）やブルーやブラックは前者であって、ピンクやグリーンは後者です、それぞれが絡み合って様々な色合いがありますが、いずれもテリが最重要です。代表的な色をまとめてみました（図205）。

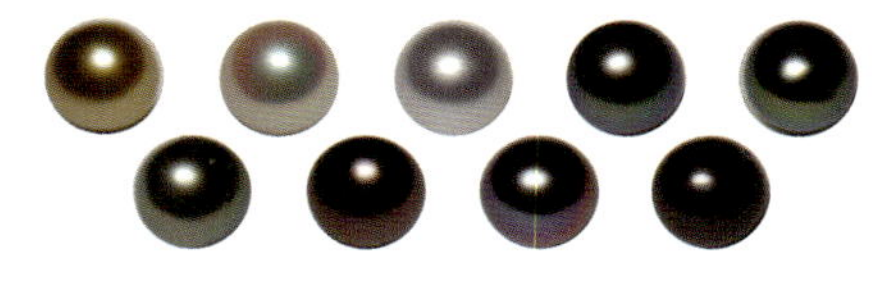

図205

★ホワイト

実体色がない真珠の総称です。干渉色としてピンクがかったもの、グリーンがかったもの、ピンクとグリーン両方が見えるものがあります。テリが弱くホワイトのみ強調されるものまで幅広いのが特徴です。

★ピンク

ホワイトピンク、グリーンピンクは共に構造からくる光学的な色相で、華やかさを秘めた、共に人気のある良質真珠の色合いです。

★ゴールド（イエロー）

ゴールドは黄味に強い輝きが加わったもので、ゴージャスなイメージがあります。明るい色合いはシャンパンイエローと呼ばれ、ファッショナブルです。

★ブルー（グレー）

ブルー系やグレー系で、淡いものから濃色まで幅広い色合いがあります。オシャレで都会的な印象を醸し出します。

★ブラック

黒い真珠は喪のイメージがありますが、コーディネートによってはモダンな印象になります。真珠としての価値は、「ピーコック」と言われるグリーンやレッドを含んだ華やかな色合いのものの品質が高いと言われています。

④真珠の品質とデザイン

真珠は一般的には、①大きさ ②色 ③テリ ④形 ⑤キズによって評価されます。中でも「テリ」は最優先される要素であり、デザインの完成度を高めるための大切なポイントにもなります。また大きさ、色、形はデザインの一部としての大きな要素です。

大きさ、色、品質について、ネックレスの項目で、取り上げましたが、以下すべて他のアイテムにも共通しています。

2）リング（指輪）

図 206

ネックレスと共にリングの需要は高く、デザインも多いのでTPOに合わせて選びます。

リングは手に表情を加え、動きを演出するアイテムです(図206)。

①デザイン

一粒のシンプルなものから、宝石をあしらった華やかなもの、複数使用したファッション性の高いものなどがあります。球形をデザインするため、他の宝石とは違った独特なデザインです。

②リングの着装のルール

TPOや洋服に合わせて、シンプルなもの、華やかなものなどを選びます。また、手や指の形やタイプによってより似合うデザインがあります。デザインにもよりますが、ふくよかな手にはボリュームのあるデザイン（図207-1）を、華奢な手には小さめなデザイン（図207-2）を選ぶとバランス良く装うことができます。

また、指の中でも比較的太い中指、人差し指にはボリュームのあるもの、薬指や小指など細い指には、小さめなデザインを選びます。人差し指や小指のように外側が目立つ指には、リングの腕にもデザインがあるものを選ぶとより印象的です。

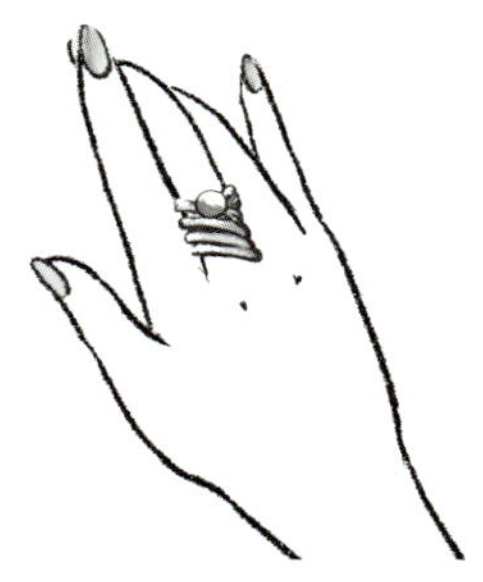

図 207-1　ふくよかな手には大きめなリング

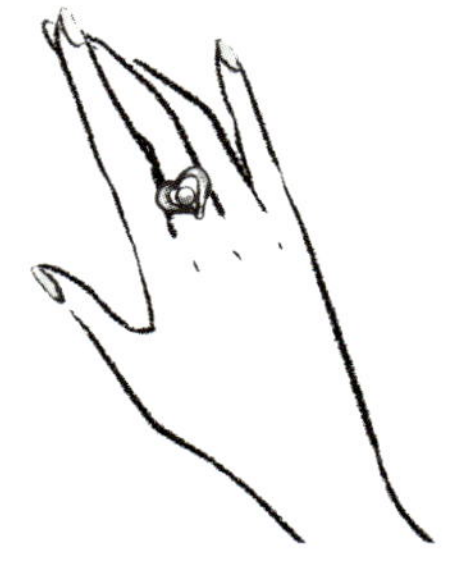

図 207-2　華奢な手には小さめなリング

イラスト／井上明香

3）イヤリング＆ピアス

顔の一番近くに着けるアイテムであるイヤリングやピアスは、デザインや形状、特にボリュームによって、着ける人の印象や顔の表情に影響を与えます。大きなものは、華やかで豊かな表情を作り、小さなもの、シンプルなタイプは、さりげないワンポイントとなります。

①デザインのタイプと特徴

イヤリング、ピアスのデザインも数多く様々です。ここでは代表的なものについて説明します。

★スタッドタイプ（図 208）

耳たぶにぴたりと着くタイプは応用範囲が広いデザインで、「スタッド（studs）」は、飾りボタンの意です。小さなものはあまり影響ありませんが、ボリュームが増すほどに形状によって、着ける人の顔の印象を強調するもの、カモフラージュするもの、避けた方が良いものがあります。

★ドロップタイプ

耳元にぶら下がるタイプ（図209）。エレガントで女性らしい印象になります。表情に動きが加わるので華やかな印象になります。ぶら下がる長さが長く、またボリュームが増すとその印象は強くなります。

★フープ（輪）タイプ

耳たぶを輪で囲むタイプを言います。横顔を演出するのに効果的なデザインで輪が大きくなるほどインパクトがあります（図210）。

図 208
図 209
図 210
図 211

4）ブローチ

真珠のアイテムの特徴にブローチがあります（図211）。昔から真珠のブローチはネックレスと共に様々なファッションシーンを飾ってきました。胸

顔の形とデザイン

比較的大きめなイヤリングとピアスは顔立ちに合わせてバランス良く着けたいものです。髪型や顔のディティールによっても違いますが、代表的な顔の形とイヤリング・ピアスのデザインとの関係をまとめました。

- 丸型……ラウンドや球形のデザインはより可愛らしい印象に、少し長さのあるタイプでバランスを取るとカモフラージュできます（図212-1）。
- 逆三角形型……顔の形と同じ逆三角形のデザインは顎の尖ったラインを強調し、デザインの下の方にボリュームのあるデザインを合わせると顔の輪廓に丸みがでて柔らかい印象を作ります（図212-2）。
- 四角形型……角ばったデザインは硬い印象になりやすいので、曲線をもちいたデザイン（図212-3）でバランスを取ると良いでしょう。
- 面長型……縦のラインを強調しすぎる縦長なデザインに比べ、両サイドに膨らみを持たせるようなデザインを選ぶ方が華やかな印象になります（図212-4）。

《顔の形とデザインのバランス》

図 212-1　丸型

図 212-2　逆三角形型

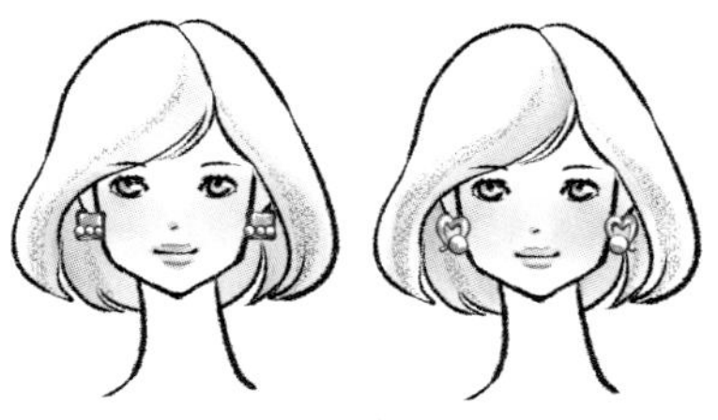

図 212-3　四角形型

図 212-4　面長型

イラスト／井上明香

元に着けることが多く、装いの印象を決めるアイテムのひとつです。ボリュームのあるものは、その印象が強くなります。小さなデザインやピンタイプのものはカジュアルシーンでも活躍するので、幅広く着けられます。ブローチは洋服の柄の一部としての役割もあるので、洋服のテイストとのバランスや襟の形や開きとの相性がとても大切です。

ブローチを着ける位置の基本と印象

ネックラインの前中央と肩襟開きを結んだ直線を平行に肩幅の約１／２まで、移動したライン上がブローチを着ける基本の位置です（図213）。上の方に着けると華やかでフォーマルな印象、下の方に着けると日常使いになります。

モデル撮影／西川節子

図 213　ブローチを着ける位置の基本

慶事と弔事の装い

１）装いのマナー

「装い」は自己表現のひとつです。私たちが装いを考える時、自分の気持ちだけではなく人にどう見られるかを考えて決めています。ＴＰＯにそって、つまり会う人や場所に適しているかどうかを基本に装うことが大切です。その場に一緒にいる人たちの気持ちを思いやることも装いのルールでありマナーと考えます。

現在、私たちが取り入れている洋装は、外来の文化と日本の文化が相まって生まれています。そのため洋装の習慣だけでなく、和装の考え方も折衷されたスタイルであり、また地域性やそれぞれの家に伝わる習慣などによっても違ってきますので、優先されるべきルールもＴＰＯによって少し変わってくるでしょう。

ここでは、一般的と考えられる装いと真珠のルールとマナーについて「慶事」と「弔事」について述べていきます。

2）真珠のルールとマナー

真珠は慶事、弔事を問わずすべてのＴＰＯで装うことができる数少ない宝飾品です。相手に与える印象や真珠の持つイメージから考えると唯一と言っても過言ではありません。

宝飾品のマナーは洋装のマナーと深い関係があります。日本における装いの洋装化は諸説ありますが、明治５年の皇室令に定められたのが始まりといわれています。その後、日常着の洋装化に伴い、一般に普及するようになりました。ここでは代表的なフォーマルなシーンと真珠の装飾品の取り入れ方のルールを説明します。

①礼装と喪服

主にルールとマナーが必要なシーンは、礼装が用いられる「慶事」と喪服を装う「弔事」に大きく分かれます。フォーマルウエアの視点からは、慶事では、「正礼装」「準礼装」「略礼装」、弔事では「正喪服」「準喪服」「略喪服」があり、さらに慶事には「昼の装い」「夜の装い」があります。日本では和装が用いられることもあります。

一般的なフォーマルのシーンでは、「準礼装」「略礼服」「準喪服」「略喪服」を着用することが多いようです。

②慶事の礼装と真珠

結婚式、入学式、卒業式、表彰式など、真珠を装うのに適していると思われる喜びの席はたくさんあります。喜びの席のジュエリーに関してのルールは、

★夜は輝きのあるものを華やかに装う。昼は輝きを抑えたものを選ぶ。

★正式になるほどティアラやヘアアクセサリーを含む、セット感のあるものを着用する。

この２つが大きなポイントです。

慶事に真珠を用いる場合は、昼間は、真珠をメインにした装いを、夜は宝石と組み合わせたデザインを選ぶ、または真珠の連のネックレスに、輝きのある宝石をデザインしたトップを付けるなどして、華やかな演出を心掛けます。昼は真珠が最も適しており、長めのネックレスやデザイン性の高いものを合わせます。

慶事の装いと真珠の装飾品のルールを昼と夜、格式の高い順に「正礼装」「準礼装」「略礼装」それぞれをその例とともに見ていきましょう。

【慶事の装いと装飾品、昼】

◆正礼装

格調の高い喜びの席、結婚式および披露宴、記念式典や公式行事、入学式や卒業式で主役またはそれに準ずる人の装いです。結婚式における新郎新婦の装いはこれとは別になります。

★《男性の装い》 モーニングコート

男性の昼の正礼装は「モーニングコート」です。

黒の共生地の上着とベストに縞のコールズボンが基本です（図214）。

★《男性の装飾品》白い真珠などの装飾品

デザインの揃ったタイバーまたはタイタックとカフリンクスを着けます。ホワイト系の真珠、シロチョウガイなど白い装飾品がルールです。シルバー色の台または、ゴールド色の台を用います（図215）。

図215

図214

イラスト／一般社団法人日本フォーマル協会（146 ～ 160 頁）

★《女性の装い》 アフタヌーンドレス

アフタヌーンドレスと呼ばれる襟元をあまりくらず袖は長袖か７～８分丈、肌の露出の少ないドレスを着用します(図216)。ローブモンタントを原型としたワンピースが正式ですがアンサンブル、ツーピース、スーツも良いとされています。ロング丈からノーマル丈までを装います。

★《女性の装飾品》光を抑えた上品な装飾品

ネックレスなどをアクセントとして着けます。光を抑えた装飾品を選ぶのがルールで、真珠がベストです（図217)。イヤリング、リングは素材やモチーフを統一してフォーマル感を高めます。華やかさを加えるにはブローチが効果的です。

図216

図217

◆準礼装

一般的な結婚式および披露宴や祝賀会などの主要な列席者の装いです。また、ホテル、レストランでのビュッフェスタイルのパーティーなどでも見られます。

★《男性の装い》ディレクターズスーツ　またはブラックスーツ

ディレクターズスーツ（図218-1）とは、ダークグレーのジャケットに明るめの縞のコールズボンをいいます。慶事への出席には最適な装いで一般的な式服と呼ばれるブラックスーツ（図218-2）より格が一段上になります。お客様を迎えるホスト、また招待されたゲスト、どちらの立場にもふさわしいスタイルです。

★《男性の装飾品》白い真珠などの装飾品

正礼装と同じで、デザインの揃った、タイタック、タイバー・カフリンクス（図219）を着けます。ゴールド色またはシルバー色の台にホワイト系の真珠やシロチョウガイなどをあしらったものを着けるのがルールです。

図218-1　図218-2　図219

★《女性の装い》イブニングドレス

イブニングドレスは、ローブデコルテを原型にした胸、背、肩をくったワンピースで、原則として、オフショルダー（肩先まで見せるネックライン）、ワンショルダー（片方の肩を見せる襟の形）、ベアトップ（肩、背の部分をすべて見せるタイプ）など様々なデザインがあります。ドレスの丈は、床までのフロア丈、または靴先が見えるヒール丈（図228-1）が一般的です。裾を引くトレーンスタイルの場合もあります（図228-2）。

★《女性の装飾品》真珠と貴石を組み合わせた装飾品

イブニングドレスには、華やかで輝きのある宝石を装うことが重要です。格の高い正式な場所ではティアラなどを含めたパリュールと言われるセットジュエリー（図229）を着用します。真珠とダイヤなどの宝石を組み合わせたものがエレガントでノーブルな印象になります。

図 228-1　図 228-2　図 229

◆準礼装

親しい方が集まる夕方からの結婚式、披露宴・二次会、記念行事、祝賀会、これに準ずるパーティーなどの装いです。

★《男性の装い》ファンシータキシード、ファンシースーツ

ファンシータキシードとは、黒やミッドナイトブルー以外の色や柄素材で仕立てられたタキシードのことをいいます（図230-1）。ファンシースーツは、光沢のある素材のドレッシーなスーツです（図230-2）。

★《男性の装飾品》カラーコーディネートがポイントの装飾品

タイピン、カフリンクスなどでカラーコーディネート（図231）したものを着けます。真珠のカラフルな色合いを取り入れるのもよいでしょう。

図 230-1

図 230-2

図 231

★《女性の装い》ディナードレス、カクテルドレス、カクテルスーツ

ディナードレスは襟なしで袖がついているもの（図232-1）をいいます。ミディ丈のカクテルドレス（図232-2）やパンツスーツのカクテルスーツ（図232-3）などシルキー素材のものを装います。

★《女性の装飾品》輝きを加えた装飾品

多様なデザインのネックレス、イヤリングなど輝きのあるタイプ（図233）を選びます。真珠と宝石がデザインされた華やかなものが適しています。

図232-1　図232-2　図232-3

図233

◆略礼装

形式にこだわらない夕方以降の結婚式や披露宴、二次会や「平服指定」のパーティー、親しい方の集まり、音楽会や観劇など気軽なフォーマルシーンでの装いです。

★《男性の装い》ダークスーツ　またはブレザー＆スラックス

色を取り入れた光沢感のあるダークスーツ(図234-1)、ベルベット素材のジャケット＆スラックススタイル（図234-2）が代表的ですが、ほとんど制約はありません。タイやベストで華やかな色合いで個性的に演出します。

★《男性の装飾品》夜の正礼装、準礼装に準ずるコーディネート

ピンブローチなど楽しい装飾品を取り入れて自由なおしゃれを楽しめるシーンです。真珠にゴールド使いのもの（図235）も用いられます。フォーマル感を失わないようにドレスアップした雰囲気を演出します。

図 235

図 234-1

図 234-2

★《女性の装い》インフォーマルウエア

インフォーマルウエアとは、タウン感覚に近いドレスや、ブラウスとスカートやパンツなどとのコーディネートを基本にしたフォーマルな装い（図236）をいいます。ドレッシーなデザインや光る素材を取り入れて夜を意識した装いを心がけます。

★《女性の装飾品》自由で自分らしさを演出できる装飾品

装いがタウン感覚になるため、装飾品に輝きのあるものを取り入れてフォーマル感を演出します。真珠や宝石が揺れるタイプ（図237）を着けたり、またヘアアクセアリーで華やかにコーディネートしましょう。

図 236

図 237

③弔事（喪）の喪装と真珠

弔事での代表的な宝飾品と言えば、まず真珠です。他の適した宝飾品としては、黒曜石、ジェット、オニキスなどがあります。

慶事とは違って一般的には昼夜、またフォーマルの度合いによっても着装する宝飾品のルールはほとんど変わりません。弔事での宝飾品は着用しても良いもの、という考え方が正しいでしょう。格式の高さによる「正喪服」「準喪服」「略喪服」のそれぞれについてみてみましょう。

【弔事での装い】

弔事が行われる場所や宗教などによって違う場合があります。基本的な装いについて説明します。

図 238

◆正喪服

公式の葬儀や一周忌までの法要の時、喪主、親族、近親者、主な立場の方の装いです。色は黒に限ります。

★《男性の装い》モーニングコート

黒のモーニングコート（図238）が正式とされていますが、通夜には着用しません。大きな規模の葬儀、告別式の主な立場の方が着用します。

★《女性の装い》ブラックフォーマルドレス

ローブモンタントを原型としたワンピース、スーツ、アンサンブル（図239）などを言います。

女性の装いはスカートでくるぶしまでの長いものがよりフォーマルとされていますが、夏は６～７分丈でも良いようです。帽子の着用やデザインは宗教によって異なります。

図 239

◆準喪服

一般的な葬儀、告別式、通夜一周忌までの法要などほとんどの場合で通用する装いです。

★《男性の装い》ブラックスーツ

ブラックスーツ（図240）はシングルかダブルで、スリーピースを着用の場合ベストも必ず黒にします。喪主も通夜はモーニングを着用しないためブラックスーツとなります。

図 240

★《女性の装い》ブラックフォーマルスーツ

黒を基本としてワンピース（図241）、スーツ、アンサンブル、パンツスーツなどで、控えめであれば黒のレース使いも良いとされています。女性のスカートの長さは通常より少し長めで、ひざが隠れるものを選びます。

図 241

◆略喪服

急な弔問、通夜、三回忌以降の法事などの装いです。葬儀後の弔問の際にも着用します。

★《男性の装い》ダークスーツ

ダークスーツ（図242）の色は、黒以外にもミッドナイトブルー、ダークグレーなども光沢のないものであれば良いとされています。

図 242

★《女性の装い》ダークスーツ

女性のダークスーツ（図243）も、色は黒の他にダークグレー濃紺なども着用されます。女性の略式の場合はパンツスーツでも良いとされます。

図 243

【弔事で着用する装飾品のルール】

先に述べたように、弔事では、「正喪服」「準喪服」「略喪服」によって着用する装飾品のルールはほとんど変わりません。

①男性の装飾品

真珠（白、黒、グレーなど）、オニキス、黒曜石、ジェットなどを使用します。シルバー色の台を使いアイテムは、タイピン、タイバー、カフスリンクスでデザインは、シンプルなデザインを選びます（図244）。

図 244

②女性の装飾品

素材等についてはおおむね男性の装飾品と同様です。真珠の装飾品のそれぞれのアイテムについて説明します。

★ネックレス（図 245）

色	：白、黒、グレー ゴールド、黄色、強いピンクなどの華やかな色は避けます。
長さ、デザイン	：40cm ～ 45cm 前後の短めなもの。一連のもの。身長や体型に応じて自然な長さを選びます。長いネックレスは「悲しみが長引く」、多連は「悲しみが繰り返す」と言われる場合もあるので避けます。
大きさ	：身長、体型によりますが大きすぎないものにします。
クラスプ(留め金)	：素材にかかわらずシルバー色のシンプルなデザインを選びます。

図 245

★リング（図 246）、イヤリング（図 247）、ピアス

色　　　　：白、黒、グレー
ゴールド、黄色、強いピンクなどの華やかな色は避けます。

大きさ　　：あまり大きくないものを基準とします。ネックレスとのバランスを考えます。

デザイン　：一粒使いのシンプルなものを選びます。ダイヤモンドなど他の石などついていないものが基本です。

地金の色　：素材にかかわらずシルバー色を選びます。

図 246

図 247

★ブローチ・ブレスレット

基本的には着用しません。故人との関係や、生前のライフスタイル、ファッションへの考え方を知った上で装うこともあります。また、一周忌以降の略喪服も着用しなくなる節目の行事には使用されることがあります。ブローチの位置は少し低く着けます。

弔事での宝飾品のマナー

欧米ではジュエリーの歴史も古く、習慣としてトータルファッションのアイテムとして考えられていますので、2～3点セットでコーディネートすることが正式とも言われます。

日本の弔事では「着用しても良い宝飾品」という考え方が強いので、故人との関係、親族の年齢やＴＰＯ、また洋服とのバランスなどを考慮してアイテムの数を考えるのが良いでしょう。葬儀の喪主や家族の場合、アイテムの数を最小限にした方が良いと考えます。装いは気持ちを表す一つの方法です。参列する側も思いやりとマナーを持って臨みたいものです。

3）真珠の装いルールとマナー

真珠には独特の輝きや色合いに加え球体という形状の特長があります。

それによって、珠を連ねたネックレスに代表されるような、真珠ならではのデザインが生まれました。最近では、デザインやアイテムの種類、真珠の種類も多くなり、スタイリングやコーディネートの楽しみ方も広がってきました。

真珠人気が世界的になってくるに従い様々な装いの考え方や、個性的なコーディネートを目にすることも多くなってきました。

自由に、自分らしく着けこなしたいという一方で、すべてのシーンに取り入れることができる数少ない装飾品だからこそ、TPO を考え、マナーを踏まえて着けることが大切だと思います。

XIII 章：参考文献／フォーマルウエアルールブック（一般社団法人日本フォーマル協会）
商品協力＆撮影／株式会社 森パール

真珠用語集

〈あ〉

・赤潮（あかしお）　red tide

プランクトンの異常増殖により引き起こされる現象。水系の富栄養化が主な原因とされ、真珠養殖にとっては怖い現象であり、1992年に三重県の英虞湾で猛威を振るった「ヘテロカプサ」の赤潮により、アコヤガイが大量斃死しました。

・赤味（あかみ）　tinge of red

高品質のアコヤ真珠には必ずこの色合いが伴いますが、真珠だけが持つ光の干渉現象によって生まれ、着色等の人為処理で生み出すことは不可能。ピンクからレッド系統の色合いが珠の中央部周辺に浮き出します。

・アコヤガイ　Akoya pearl oyster

学名 ***Pinctada fucata***

インド洋、太平洋、オーストラリアから地中海など、熱帯・亜熱帯から温帯域まで広く分布。日本の太平洋沿岸では房総半島以南、日本海側は能登半島以南に生息、アコヤ真珠を産出します。貝殻の大きさは７～８センチ、厚さは３センチ程度の二枚貝。1905年、御木本幸吉等によりアコヤガイを使って真円真珠の養殖に成功、それ故シンジュガイとも呼ばれます。アコヤの由来は古語の「吾が子や」からきているという説もあり、この貝が作る天然真珠の愛おしさを自分の子供への愛おしさと重ね合わせた歌が万葉集の山上憶良の歌に出てきます。

・アコヤ真珠　Akoya pearl

アコヤガイ産出の真珠。ピーク時の1960年代には20数県で養殖が行われていましたが、現在は三重、愛媛、長崎、熊本、大分の５県が中心となっています。

・英虞湾（あごわん）　Ago bay

三重県志摩半島南部の湾。リアス式海岸として有名であり、奈良時代からアコヤガイから採れる真珠を出荷していました。明治時代半ばに真円真珠の養殖技術が確立されると、真珠養殖発祥の地としても知られるようになり、昭和初期には「真珠湾」とも呼ばれました。

・厚まき（あつまき）　thick nacre

真珠科学研究所の「PSLパールグレーディングシステム」によりますと、真珠層のまきの測定は「レントゲン透視像による測定とする」とされており、厚まきは、アコヤ真珠は0.4ミリ以上、シロチョウ真珠とクロチョウ真珠は1.0ミリ以上と規定されています。

・孔あけ（あなあけ）　drilling

真珠に孔をあけること。一般に２種類あり、指輪、ブローチ、ペンダント用などに半分まであけることを「片孔」、ネックレス用の貫通孔を「両孔」と呼び、専用の孔あけ機であけます。

・アバロン・パール　Abaron pearl

アワビから採れる天然真珠の呼称。古代からよく知られており、それだけこの貝は真珠を作りやすい体質なのかもしれません。鮮やかな緑色や淡い緑色を呈します。東大寺三月堂の不空羂索観音の宝冠に天平時代のこの真珠が輝いています。

・アメリカン・パール　American pearl

北アメリカ、ミシシッピー川等に生息するドブガイ等から産出される淡水真珠を言います。

・アラゴナイト　aragonite

霰石（あられいし）とも言い、炭酸カルシウムの結晶。真珠層の組成は、このアラゴナイトと、コンキオリンと称する硬タンパク質の同心円状の層から成ります。→カルサイト参照

・アワビ　abarone

世界中の海に生息。アワビの貝殻は美しく、ヨーロッパでは古来その美しさを讃え、ヴィーナスの耳と呼んでいます。巻き貝であり、頻度高く天然真珠を産出します。

・**アンモニア　ammonia**
薬品としてよりもその独特の臭気で知られますが、真珠加工ではなくてはならない薬品です。加工工程で発生する酸性環境、例えば水に一晩漬けるという工程でも、これを一滴たらしておけば、水の中の酸を中和してくれるからです。

・**イケチョウガイ（池蝶貝）“Ikecho” mussel 学名 *Hyriopsis schlegeli***
日本の琵琶湖とその近く、淀川水系の一部にのみ生息する中型の貝で、淡水真珠を産出します。1946年（昭和21年）に藤田昌世氏らが養殖に成功しましたが、その方法は、核を入れずに貝の外套膜の中に外套膜小片を挿入するものでした。外套膜の中に真珠袋を作り、真珠を作らせるので真球状のものはほとんど出来ません。藤田氏は御木本翁等と共に「真円真珠」を発明したスタッフの一人です。

・**移植片供与体（いしょくへんきょうよたい） graft donor**
外套膜移植片を提供する貝、いわゆるピース貝のこと。「ドナー」とも呼ぶ。

・**移植片受容体（いしょくへんじゅようたい） recipient**
外套膜移植手術を受ける貝、いわゆる母貝のこと。「ホスト」とも呼ぶ。

・**糸替え（いとかえ）re-stringing**
真珠のネックレスにおいて、新しい糸に差し替えること。長期の使用により、ネックレスの糸はゆるみ、珠と珠の間に隙間ができた場合、新しい糸に替える必要があります。

・**イミテーションパール　imitation pearl　→ 模造真珠**

・**色かみ（いろかみ）**
一見ホワイト系に見えますが僅かにクリーム色が入っている事を言います。独特の業界用語。

・**インチ　inch**
ヤード・ポンド法による長さの単位。1インチは、１フィート（304.8ミリ）の12分の１、約25.4ミリ。ネックレスの長さは20世紀後半までは、このインチが生きていた世界。連は形態によってグラデュエーションとユニフォームに大別。前者は16～18インチ。後者は14インチ以上でした。

・**ウィング・パール　Wing pearl**
淡水貝の蝶番付近にできる鳥の翼状の真珠を言います。

・**うすまき　thin nacre**
うすまき珠のこと。真珠業界では、はがきの厚さ（0.25ミリ）以下がうすまきと言われています。強い光で核が見えるか見えないかのボーダーラインは0.3ミリであり、言われている根拠です。単に核が透けて見えるということでなく、うすまきだと、剝れる、変色する、褪色するという品質変化が起きます。

・**裏張り加工（うらばりかこう）**
マベなどの半形真珠を貝殻より抜き取り装飾品に加工すること。

・**うろこ**
俗称で「すかし」とも呼ばれる微小なキズの一種。普通の明るさでは見えず、強い日差しの下で見えることがあります。真珠層の中にできた微小な隙間を上から見たときに魚の鱗の形に見えることからこう呼ばれます。経年変化で劣化することがあります。

・**ウロポルフィリン　uroporphyrin**
1954年（昭和29年）、京都大学の高木豊、田中正三の両氏はアコヤ貝の貝殻外面（稜柱層）成分をクロマトグラフィーで分析し、その吸収スペクトルからウロポルフィリンと総称する色素群を抽出しました。

・**えくぼ**
真珠の表面に見られる一種の窪みで、すり鉢状になっており底部は真珠層の場合と稜柱層等の異質物の場合があります。その蛍光の有無は鑑別法の一つとなります。

・エルニーニョ　スペイン語　ElNiño

南米ペルー沖の海水温が２～７年周期で平年に比べ0.5～３度高くなる現象。日本のアコヤ真珠にとって、世界各地の異常気象はどんな影響を及ぼすのか。三重県の英虞湾は過去に貝の大量死という災難にあいましたが、その年は例年よりも冬の水温が低かったため、この災難は起きたと言われています。

・塩酸（えんさん）　hydrochloric acid

真珠加工にとって必須の薬品で、養殖に使う核を貝殻から作るときにも欠かせません。真珠の研磨では、年輪のように数千層巻かれているミクロのカルシウム結晶を一層一層剥いて、新しい層を出していくのが基本ですが、このカルシウムを剥くのに、この強酸を使います。

・遠心流動バレル法（えんしんりゅうどうバレルほう）

“高速”と略称されている真珠の「てり出し研磨法」のひとつ。桶やポットに被研磨物と研磨剤を入れ（更に水をいれることもある）回転運動で研磨することを広義のバレル法と言います。

・塩水処理（えんすいしょり）

ポリキーターと言う貝に寄生する微小生物がいます。寄生と言っても貝殻に孔をあけその中に卵を産むのですが、孔をあけられたら貝にとっては一大事です。貫通孔などになってしまったら死んでしまうからです。これを退治するには貝を丸ごと飽和食塩水に沈めるという方法をとります。貝殻をしっかり閉じた貝は30分間くらい大丈夫ですが、ポリキーターは体の成分が食塩水で萎びて死んでしまいます。

・エンドスコープ endoscope

孔あけしてある天然真珠と養殖真珠の構造上の特性からその違いを見極める鑑別用機器として、1920年代にヨーロッパで開発されました。現在では、核を入れない養殖真珠もあり、判別に用いることはできません。

・エンハンスメント　enhansement

真珠本来の美しさを引き出す処理。改良と言われます。アコヤ真珠に実施される漂白、調色法はこれに該当すると言われています。（2013年現在）

・オイスターパール　Oyster pearl

カキから産出される天然真珠。

・大珠（おおだま）bigger sized pearl

アコヤ真珠の直径8.0ミリ以上の珠。これ以下は6.0以上8.0ミリ未満を中珠、5.0以上6.0ミリ未満を小珠、5.0ミリ未満を厘珠（りんだま）、3.0ミリ未満を細厘珠（さいりんだま）と呼びます。

・オーバル　oval

幾何学では卵形や長円、あるいは楕円に似た曲線のことを言い、楕円形の真珠を指します。

・オーロラビューアー　Aurora-viewer

反射と透過の干渉色が見られる専用の装置。真珠を装置に固定し見た場合、より多くの色が鮮やかに真珠の半球に出ていれば「テリ」の良い真珠と判断できます。

・オキシフル　oxyfull

正式名称は「３％過酸化水素水溶液、３％ H_2O_2」と書く。真珠の漂白（しみ抜き）には欠かせない薬品。

・沖出し（おきだし）

作業漁場から養殖漁場に貝を移すこと。

・桶磨き（おけみがき）

複数の素材を同時に研磨・研削することを共摺りと言い、また同じ種類の物体をこすり合わせて研削することも言います。アコヤ真珠では45度傾斜した木製桶に珠と水を入れ、桶を回転させて磨く方法のことを言います。

・オスメニアパール　Osumenia pearl

半球状の真珠光沢を放つ貝殻加工製品。オウムガイ（Nautilus Pompiluis）の貝殻彎曲部を切り出し、貝殻外殻部を除去して、内殻部の真珠層を露出させて作ります。

・**オビエド・パール　Oviedo pearl**
1520年頃パナマで、スペインの歴史家・オビエドにより買い取られた26ctの真珠。

・**オペラ　opera**
チョーカーの２倍、約80センチの長さのネックレス。

・**尾張真珠（おわりしんじゅ）　Owari pearl**
アサリなどから採れた珠の総称。『本草綱目』に曰く「…色濁白にして光彩なし、あるいは黒色を帯るものあり、アサリ、ハマグリ、アカガイ等の珠に…」とあります。貝殻構造が真珠層ではないため、真珠光沢がありません。

・**オンス　ounce**
ヤード・ポンド法の質量単位。１オンスは１ポンドの16分の１、28.35ｇ。天然真珠の時代、真珠の売買の単位として用いられていました。

〈か〉

・**貝殻（かいがら）　shell**
貝体の外部を覆っています。アコヤガイ等の場合、一番外の層は薄い有機質の殻皮層で、その下に稜柱層が発達しており、内層の真珠層は貝の内蔵に接触しています。

・**貝殻重量（かいがらじゅうりょう）**
正確には殻体重量と言い、貝という動物の貝殻部分の重さ。貝の成長や体力を見る時、必ず測定する重要指標のひとつ。貝殻もその成長プロセスを見ますと、水平方向に伸びる時期と垂直方向に厚さを増す時期があり、若い時期は前者であり、ある年齢に達すると後者に比重が移るようです。

・**海事（かいじ）　maritime affairs**
海事作業とも言い、挿核手術を中心とした作業以外の諸々の作業の総称。真珠生産の採算性とか、いかに高品質の珠を作るかと言った観点からみますと、この海事が大切な作業になります。

・**貝掃除（かいそうじ）　shell cleaning**
ツリガネムシ、ケツボカイメン、カサネカンザシ、サラサフジツボ、ユウレイボヤ、スエヒロクダコケムシ……これらアコヤガイの貝殻に付着する動物たちは、貝殻の開閉の邪魔をするだけでなく、肝心の餌であるプランクトンまでこれら付着動物が奪ってしまうため、定期的に貝殻の掃除をしなければなりません。

・**外套膜（がいとうまく）mantle lobe**
貝の体を覆っている薄い膜。貝と言う動物がすべて持っている一種の臓器であり、この外套膜が貝殻を作ります。近代になって動物学の発達により、この薄い膜が海水からカルシウムを濃縮して固い貝殻を作る役目を担っていることが発見されました。

・**貝パール（かいパール）　Shell pearl**
養殖に使う核の上に塗料を塗布した模造真珠。「人工真珠」の表示が義務付けられています。昭和40年代に現れ、核の縞模様が透けて見えることから本物と間違える事件が起き、公正取引委員会が模造真珠には販売時にその旨を表示するように勧告が出されました。

・**開放式養殖（かいほうしきようしょく）**
かごに収容しないで、貝殻に穴をあけ、それにナイロン糸やステンレス針金などを通し、縄、竹、金網などに結び付けて固定し垂下する養殖法。

・**貝まわし（かいまわし）**
冬場に水温の低下が著しくない漁場へ貝を移動させる、いわゆる避寒のこと。あるいは避寒漁場、化粧まき漁場へ貝を移動する作業のことを言います。

・**ガイヨパール　Gayo pearl**
タイラギカイから産出される天然真珠。

・**貝類（かいるい）　shellfish**

軟体動物の大部分を占め、世界中の種類は約10万といわれ、日本産貝類は約4500種が知られており、世界有数の貝の産地です

・**火炎構造（かえんこうぞう）** **flame structure**
コンクパールの表面に現れている独特の構造で、燃えている炎のように見えることから名付けられました。

・**核（かく）** **nucleus**
養殖真珠の芯にあたり、貝の手術時にピースと共に貝体内へ人為的に挿入します。淡水産のドブガイの貝殻から作ります。

・**カクテル・ネックレス** **cocktail necklace**
真珠の連で、真珠と真珠の間に貴金属や他の宝石を組み込んだネックレス。

・**核われ（かくわれ）**
養殖時、加工時、流通時に潜在していた微小なひびが大きくなって顕在化し核われとなります。ゆえに生産者は核を厳選します。

・**加工きず（かこうきず）**
養殖に続く必須工程のひとつである加工工程。特に漂白工程でできるもので、小さなひびや斑点（スポット）として現れます。

・**片孔（かたあな）** **half drilled**
リングなどの細工品に使用するために真珠の片方だけ孔をあけたものを指します。キズの位置を確認して、キズが隠れるように珠の３分の２まで孔をあけます。

・**かたまき**
珠の片面だけにテリがあるもの、あるいは片面がピンク味を呈し、もう片面はグリーン味を呈するものを言います。専門家でよく使われますが、まきの不均等を言う場合もあります。

・**加法混色（かほうこんしょく）** **additive mixture**
赤、緑、青から成る光の3原色の混合による色の表現法で、色を重ねるごとに明るくなり、三原色の均一な混合は白になります。テリの良い真珠の干渉色はピンクとグリーンが共存し、これらの色光が重なっていますので明度は高くなり、一種の透明感として認識されます。

・**カラスガイ** **学名** ***Cristaria plicata***
湖沼にすむ大型の黒いイシガイ科の二枚貝。分布は中国を中心にロシア、朝鮮半島、日本に及ぶ。殻の長さは20センチ。中国で淡水養殖の母貝として使用されましたが、品質が劣ったため、1990年代ヒレイケチョウガイに代わられました。

・**カルサイト** **calcite**
貝は炭酸カルシウム $CaCO_3$でできていますが、その六方晶系の結晶。主に真珠層はアラゴナイト型（霰石型）、稜柱層はカルサイト型（方解石型）です。

・**カルチャード・パール（Cultured pearl）** → **養殖真珠**

・**カワシンジュガイ** **学名** ***Margaritifera laevis***
北海道から本州の里山の河川で見られる大型の淡水産二枚貝。貝殻内面は美しい真珠光沢をもつ。多くの種が環境省や各自治体のレッドリストに記載される状況となっています。

・**干渉（かんしょう）** **interference**
光という波が真珠層にあたり、表面で反射する波と、中に入ってから反射して出てくる波が合流しますが、そこに干渉が起こります。真珠層に見られるピンクやグリーンは、この干渉から生み出された色です。

・**干渉色（かんしょうしょく）** **interference color**
微細な、電子顕微鏡でしか見ることのできない構造に起因する光が作り出す色。熱帯魚のネオンテトラの青、南米に棲息するモルフォ蝶の青、コガネムシの緑等、どれもが鮮やかに光り輝く色であるのがこの干渉色の特徴。真珠のピンクも、構造に起因する光が作り出す色であり、干渉色の代表的存在です。

・**含浸（がんしん）** **immpregnation**
樹脂等の補強材を真珠内部の空隙（くうげ

き）に入れることを言います。これによって真珠層の内部の強化を図るのが真珠科学研究所で行っている「マイクロ・パーマネント」です。

・キズ　flaw

真珠の生成過程の中でできてしまうものを指します。固いものにぶつけてできたもののことではなく、大小、凹凸、形態は様々あります。貝の衰弱に起因した一種の分泌異常によりできます。

・機能核（きのうかく）　function nucleus

真珠養殖に必須の「核」は、その言葉の真の意味での「核」ではありません。真珠袋のかたちを球状にするための一種の「鋳型的」役割を果たしているのです。1980年代後半に真珠科学研究所はこの核に何らかの機能を持たせることを考え、10年余の研究の結果開発されたのが「バイオコート核」なる商品名の機能核です。手術の傷口を早く治癒する、ピースから真珠袋への成長を促進する、生成真珠袋の分泌物質の異常化防止などの薬剤を塗布し機能をもたせたもの。

・機能クロス（きのうクロス）　function cross

「真珠の手入れは簡単です。とにかく拭いてから仕舞ってください」と言っても厳密には、化粧品や人のアブラ等の汚れを一瞬で拭き取るには、それなりの機能を備えたクロスを用いた方が良い、というわけで真珠科学研究所は「真珠てりクロス」「真珠クリーニングクロス」、また、荒れてしまった表面を取り去るための「真珠リフレッシュクロス」などの商品を開発しています。手入れの重要性を商品で啓蒙しています。

・機能ケース（きのうケース）　function case

真珠に密着した極細繊維で汚れを吸収し、さらにつやが出る等の機能を持ったケースです。真珠科学研究所が販売している「珠手箱」「パールキーパー」などの機能ケースがあります。これらの機能ケースには湿度調整剤が入っていますので、このケースの中が湿気てくると空気中の水分を吸収し、逆に乾燥してくると空気中に放出し、真珠に最適な湿度を保つ機能も持たせています。

・曲率半径（きょくりつはんけい）

曲線や曲面の各点での湾曲の程度を示す値。真珠の中に入った光は光の干渉によりピンクやグリーンの色になって見えます。この色は光の角度（あるいは目の位置）によって変わります。バロック珠等は、部分的に光っている個所があります。これはその部分が複雑な形をしているため、すなわち曲率半径が各点で異なるため、いろいろな角度の光が目の中に飛び込んで来ることを意味しているのです。

・ギラ

核はよく見ると縞模様をしています。これは原料の貝殻の成長線の跡です。縞模様の頂上と底辺は見る角度を変えるとギラッと光る、一種の光学現象が起こります。真珠層が薄いとこのギラが透けて現れます。

・銀塩処理（ぎんえんしょり）

銀鏡反応を利用したホワイト系の真珠を黒色に着色する代表的処理方法。一説によりますと、クロチョウ真珠の養殖法が成功した1970年代を遡ること50年、1920年代よりこの処理による「黒真珠」は市場に出現していたとのこと。ドイツで開発されたといわれます。

・均質構造（きんしつこうぞう）　homogeneoous structure

ハマグリやアサリの貝殻がこれに相当します。顕微鏡で見ても全くの無構造に見えます。

・金色（きんしょく）　gold

アコヤガイから採れる濃い黄色の珠のこと。貝が活力があり、元気な時にできると考えられています。

・クオホッグパール　Quahog pearl

ホンピノスガイから産出される天然真珠。

・**くず珠**
浜揚げ珠の最下位の“裾珠”よりも、さらに下位に位置する商品価値のない珠。

・**クラスプ　clasp**
ネックレスを連結するために使用される金具。

・**グラデュエーション　graduation**
真珠のネックレスを組む際、中央に大きい珠を配置し、左右対称で徐々に小さい珠で組んでいくこと。

・**クラムパール　clam pearl**
ハマグリから産出される天然真珠。

・**クリーニング＆エステ　cleaning&esthetic**
真珠科学研究所が提唱している真珠の手入れ法。真珠の外側をきれいにするのがクリーニングでパールリフレッシャー等の機器を使用し、真珠の内側を補強し美しい状態を持続させるのがエステで、マイクロ・パーマネントで耐久処理します。

・**グリーン味（グリーンみ）**
赤味と同じ干渉現象で生まれる色合い。

・**グリコーゲン glycogen**
デンプンが植物の貯蔵多糖体であるのに対し、グリコーゲンは動物の貯蔵多糖体であり、肝臓、筋肉などに含まれます。養殖現場では「グリがのっているから元気だ」というように、日常茶飯事にかわされる言葉であり、貝の健康を知るバロメーターでもあります。

・**グレーディング　grading**
品質評価のこと。PSL パールグレーディングシステム（真珠科学研究所）では、品質評価の構成要素を①テリ ②キズ ③面 ④かたち ⑤まきの５項目としています。

・**クロ貝（クロがい）**
すでに手術され核とピースが入っている貝。玄貝とも言います。

・**クロチョウガイ（黒蝶貝）black-lipped pearl oyster　学名 *Pinctada margaritifera***
インド洋、太平洋など広い海域に生息し、日本では紀伊半島以南、特に沖縄の石垣島は有名。大型種で、水深10数メートル以上の水通しのよい珊瑚礁や岩礁で着生します。

・**クロチョウ干渉色（くろちょうかんしょうしょく）**
サンゴ礁の至宝、クロチョウ真珠。その最高峰がピーコックグリーン。このグリーンも光り輝く干渉色です。注意深く観察するとホワイト系アコヤ真珠はピンクの干渉色が珠の中心部から滲み出てくるのに対し、クロチョウ真珠のピーコックグリーンは珠の周縁部に滲みます。

・**クロチョウ吸収（クロチョウきゅうしゅう）**
クロチョウガイおよびクロチョウ真珠の有色真珠層は、分光光度計で計測しますと、400nm と500nm、700nm に固有の吸収があり、これを「クロチョウ吸収」と呼んでいます。1970年代に真珠科学研究所の小松博が発見しました。

・**ケシ**
芥子の種子のように小さな真珠の総称。その生成は複雑であり、偶然によるもの、“ピース”が核から離脱してできるもの等があります。天然真珠の範ちゅうに入る「シード」との判別は不能。

・**化粧まき（けしょうまき）**
漁場と真珠の品質は密接に関係しており、特にテリはその関係が著しい。そこで養殖の終盤にテリの良い珠を作るのに適した漁場に移動させます。その漁場を「化粧まき漁場」と言います。とりわけ秋から冬にかけてその特性が出ますので、この時期、特定の漁場に貝を移動し、ピンクの光彩を伴った輝きを出させます。

・**顕微鏡（けんびきょう）　microscope**
真珠鑑別にも顕微鏡は必須の機器です。真珠用には落射型光学顕微鏡、あるいは金属型光学顕微鏡と言われるタイプが使われます。真珠の表面を100倍に拡大すると固有の結晶成長模様が見えます。この模様は人間の指紋と似ており、一個一個の真珠はすべて違います。

・**減法混色（げんぽうこんしょく）　subtractive mixture**
塗料や染料の三原色であるイエロー（Y）、マゼンタ（M）、シアン（C）を等量で混ぜ合わせると黒色になります。クロチョウ真珠の黒さは、黒い色素によるものではなく、赤褐色・緑褐色・黄褐色の３つの含有色素の配合によると言われています。

・**交差板構造（こうさばんこうぞう）　crossed lamellar structure**
アラレ石の細長い針状結晶が集合して長方体のブロックを作り、隣のブロックと45度から55度の角度で反対方向に向きを変えて集合している構造体。コンクパールを産出するピンク貝やシャコ貝殻がこの構造をしています。細心の注意をして孔をあけないとひびが入るといわれているのも、この構造から来る劈開（へきかい）性によるものです。

・**高水温（こうすいおん）　high-temperature water**
貝殻の開閉運動の関係を研究したレポートによりますと、アコヤガイでは25℃までを適水温、25～28℃までを注意水温、28℃以上を危険水温と言っています。

・**高速バレル研磨（こうそくバレルけんま）　high-speed barrel abrasion**
真珠の珠と研磨剤をバレルに入れ高速で回転させ研磨する方法。→遠心流動バレル

・**硬度（こうど）　hardness**
宝石の硬さを表すのによく使われるのがモース硬度。滑石が１、石膏が２、方解（ほうかい）石が３で鋼玉が９、最も硬いダイヤモンドが10です。真珠は主成分が霰（あられ）石であるから方解石に近く3.5～4.5と言われています。この3.5～4.5という数字の裏には２つの特性が隠れています。ひとつは真珠はダイヤモンド、ルビー、サファイアなどと比較すると極めて柔らかいという事です。両者がもろにぶつかったら疵がつくのは真珠だけです。いまひとつ、真珠層を構成する結晶層やたんぱく質の状況如何で硬さは変わってきます。テリの強弱、処理の有無で±30％位の差があります。モース硬度の他には、ビッカース硬度などがあります。

・**ゴールドリップ　goldlip**
南洋真珠が採れるシロチョウガイのうち貝殻の内側、すなわち真珠光沢を有している側、その光沢部の縁の部分が黄色い貝のことを呼びます。インドネシア、フィリピン、ミャンマーの海に生息するものの大半がこのゴールドリップ。この貝をピース貝として使うとゴールド系の珠が出来ます。

・**越物（こしもの）**
１年以上養殖した真珠を言います。年を越すことから名付けられました。これに対し１年以内（約10カ月）の養殖のものを当年物と言います。

・**湖水真珠（こすいしんじゅ）Lake pearl**
淡水真珠をこう呼ぶこともあります。→淡水真珠

・**小珠（こだま）smaller sized pearl**
直径5.0ミリから6.0ミリ未満のアコヤ真珠。

・**コバルト　cobalt**
コバルト60（60Co）を線源とした放射線を真珠（アコヤ真珠）に照射すると核が黒褐色化し、ナチュラル・ブルーに酷似したブルーに変わります。この一連の着色法を「コバルト」とか、「コバルトをかける」と言います。

・**コンキオリン　conchiolin**
貝殻に含まれる有機物質の総称名で、硬タンパク質。真珠層内では薄いシート状で、アラゴナイトと交互に同心円状を構成しています。

・**コンクパール　Conch "pearl"**
ピンク貝（strombus gigas）から採れる天然真珠。構造から言うと真珠ではなく、カンマ付きで表記されますが、パールなる名称はその美しさとヨーロッパの数千年の宝飾の歴史の中で市民権を得ているからであり、国際的に認められた唯一の例外品。炎のような表面が美しい。

・**コンバーチブル・ネックレス　convertible necklace**
ネックレスとブレスレットをつなげて使うと長いネックレスになるもの。分けて使用することも可能。

〈さ行〉

・**サークル珠　circle pearl**
はちまき珠とも呼ばれ、側面を１本または複数の溝が取り巻いている真珠のことを言います。シロチョウ真珠やクロチョウ真珠に多く見られます。

・**サーチライト法**
強い光を真珠にあててその色を見る方法です。着色黒真珠とクロチョウ真珠の見分けに威力を発揮し、前者が主としてチョコレート色になるのに対し、後者のクロチョウ真珠は珊瑚礁のような緑を帯びたブラックに変わります。また、加工キズ、層われなどの欠陥検査にも用いられます。

・**サイズ　size**
直径をミリメートル（mm）で表しますが、真珠科学研究所の鑑別書は小数点以下1桁まで表記します。ネックレスの例ですと、クラスプ近辺から中心部へ7.5-8.0mm 等と記し、リングの例では直径最小値を8.0mm等と記入します。

・**再生核（さいせいかく）**
一度使用した核を再生してもう一度使うこと。脱核したもの、あるいは不良真珠のそれが対象品。真珠層を剥し、あるいは海水で浸された表面を磨き直し使用します。

・**採苗（さいびょう）**
ここでいう苗とは貝の幼貝のことをさす。水中で受精し、20～30日間浮遊生活を続けた幼貝は（突如としてDNAの働きで）、何かに付着し始めます。この性質をうまく利用して苗をとることを言います。海で自然に発生し採苗するものを「天然採苗」と言い、水槽で人為的に発生させ採取したものを「人工採苗」と言います。

・**細厘珠（さいりんだま）**
アコヤ真珠の3.0ミリ未満の真珠のこと。

・サウス・シー・パール（South sea pearl）
→南洋真珠

・**酸洗い（さんあらい）**
主に酸性溶液で桶磨きすることで、一種の真珠の「てり出し法」（加工途上に損傷した表面の修復処理も含まれる）であり、加工における必須の工程のひとつ。真珠業界独特の用語。厳密に言えば、真珠業界の加工に携わる人たちの日常語。

・**三角貝（さんかくがい）　Trigonacea**
ヒレイケチョウガイの俗称で、その形状からこう呼ばれます。→ヒレイケチョウガイ

・**三原色（さんげんしょく）　three primary color**
塗料と光では三原色が異なります。塗料の三原色は、イエロー（Y）、マゼンタ（M）、シアン（C）であり、光の三原色は、赤（R）、緑（G）、青（B）です。真珠の色には、色素や有機物、稜柱層あるいは"調色"に使われる染料など物質の色があり（実体色）、また「テリ」なる現象で現れる光の色（干渉色）の２種類があります。無限とも言うべき真珠の色の多様性の理由です。

・**散乱（さんらん）　scattering**
波がその波長にくらべてあまり大きくない障害物にあたったときに、それを中心とし

て周囲にひろがっていく波ができる現象のことを言いますが、真珠にとっては、光という波が真珠の中に入っていった時、中でどの位散乱を起こすかにより、透明感が違ってきます。これは真珠層のきめの細かさの違いです。透明感のある真珠は、日本のアコヤ真珠がその典型ですが、この気品ある透明感こそ宝石なのです。この透明感は日本の海の春夏秋冬、四季のメリハリが作るといわれます。

・**シードパール　Seed pearl**

19世紀のヨーロッパで若い女性が身に着けた小粒のパール。このパールで花や渦巻き模様を描き出したのがシードジュエリーですが、19世紀後半に衰退しました。

・**潮被り珠（しおかぶりだま）**

潮珠とも言われますが、白色不透明の表面で光沢のない真珠を言います。小さな結晶が沈着して白色の層が真珠表面に形成されたものと、表面が腐食されて白色になったものがあります

・**自家移植（じかいしょく）**

「トモサイボウ」とも言われ、外套膜の移植片を取った貝の体内にその移植片を入れることを言います。

・**試験剥き（しけんむき）**

毎年11月下旬、その年の浜揚げ珠の出来具合を予想するために100個ほどの貝を開け、サイズや色目、テリなど細かく分析します。年中行事として定着している地方もあります。その日全員が一斉に剥き、その成績を競いあう、これを浜揚げ品評会と呼びます。

・**示差熱分析（しさねつぶんせき）　differential thermal analysis**

示差熱分析とは真珠を電気炉に入れ、温度の上昇に応じて真珠が出したり吸ったりする熱の量からその物質的性質を測定する方法のこと。50～150℃で内部の水分が蒸発、300℃で有機物が燃焼、400℃付近で炭酸カルシウムが霰石型から方解石型に変わります。850～950℃ではその炭酸カルシウムが分解しCO_2（炭酸ガス）が出てきます。

・**仕立て（したて）**

手術時のショックに耐えられるようにアコヤガイに一種の全身麻酔をかけることで、抑制とも言います。水の入りにくい特殊な篭に貝をギュウギュウに押し込めると、貝にとって流れのないところに居るため、一種の冬眠状態になり手術時のショック（異常生体防衛反応）を起こす貝が減ると言われています。クロチョウガイ、シロチョウガイは行いません。

・**実体色（じったいしょく）　body color**

真珠層を構成しているたんぱく質の色を主として言い、貝それぞれの色素によるもの。例えば、アコヤ真珠は黄色、クロチョウ真珠はグリーンやレッドと言うように、真珠の色は大別して、この実体色と干渉色で成ります。

・**湿度調整剤（しつどちょうせいざい）　humidity control agent**

真珠の品質低下に湿度が大きな影響力を持っており、各種の割れ、亀裂、光沢鈍化はすべてに湿度がからんでいます。高湿度、低湿度、あるいは一日、一年のサイクルでの急激な湿度変化が品質劣化を起こします。この湿度調整剤を真珠の保管ケースに入れるとケース内の湿度を調整しながら、理想的な環境が作られます。

・**ジニ・パール　Zinni pearl**

ジニガイ産の天然真珠。ペルシア産で、色は黄色を帯びています。

・**しみ抜き（しみぬき）**

真珠層と核の間に存在する褐色の異物をしみと言い、真珠に孔をあけ、その孔を通して薬品を深く浸透させ、しみの褐色を無色化することをしみ抜きと言います。別名、漂白とも言います。

・**シャコ核（シャコかく）　squilla nuclear**

シャコの貝殻から作った核。シャコ貝の多

くは中国で生息しますが、ワシントン条約で保護され、採取は制限されています。貝殻構造が異なり硬い為、孔あけの際に熱がこもり割れやひびが出るなどの被害も報告されています。

・**条線模様**（じょうせんもよう） **surface pattem**
真珠の表面には平行、渦巻、同心円状、または不規則な成長模様があり、それを指します。生きた貝の中で形成された真珠層からなる真珠はすべてあります。成長模様を確認するのには50～100倍の顕微鏡が必要です。

・**正倉院宝物真珠**（しょうそういんほうもつしんじゅ） **Pearls of the Shosoin**
正倉院に保存されている真珠は4158個、そのうち3830個が大仏開眼会で聖武天皇・光明皇后らが使用されたという礼服御冠残欠に属しています。宝物真珠はすべて海水産貝から採れた天然真珠であり、大半はアコヤガイ産であったとの報告があります。

・**縄文真珠**（じょうもんしんじゅ） **Joumon pearl**
福井県の三方五湖近くにある鳥浜貝塚から1986年に発掘された日本最古の真珠。大きさは長径15.6ミリ、短径14.5ミリ、厚さ10.0ミリで形は半球状。分析結果から淡水産二枚貝を母貝とする天然真珠ということがわかっています。縄文時代は5500年前。出土地から鳥浜真珠とも呼ばれています。

・**処理真珠**（しょりしんじゅ）**treated pearl**
放射線処理や染料による着色など人為的に着色処理された真珠のことを言います。

・**しら**
浜揚げ時の“裾珠”以下の最低品質のものを指します。“しら”は白に該当、核の白さを言います。手術時に挿入した核がそのまま出てきたもの。

・**シルバーリップ** **silver lip**
シロチョウガイの貝殻真珠層部、その縁が黄色くないものを指します。オーストラリアの海にこの種類が多い。まったく黄色味のない真珠が採れます。名づけてシルバー系真珠。

・**白キズ**（しろきず）
加工キズの一種。白い、流れるようなキズ。白く見えるのは真珠の場合必ず層内に様々なレベルの空隙（くうげき）があることを意味しています。真珠層は透明なアラゴナイトの小さな結晶が何億と集まってできていますから光は相当内部まで入っていきます。内部に空隙があれば、入った光はそこで散乱現象を起こし、結果的に白く見えるのです。

・**シロチョウガイ**（**白蝶貝**）**学名** ***Pinctada maxima***
いわゆる南洋真珠を作る貝。30センチ以上に達するものもある大型種。奄美大島以南からオーストラリアまでの広い海域に生息。殻は大きく厚く、真珠層が美しいので真珠養殖のはるか以前より、工芸品、ボタンの材料として採取されていました。それ故この貝殻のことを「mather of pearl」と呼びます。主にオーストラリア産の黄味のない貝をシルバーリップ（silver-lipped pearl oyster）、インドネシア、フィリピン産をゴールドリップ（gold-lipped pearl oyster）と呼びます。

・**シロチョウ真珠**（しろちょうしんじゅ） **South sea pearl**
シロチョウガイから産出される真珠。白蝶白珠とも書かれる。

・**真円真珠**（しんえんしんじゅ） **Round pearl**
真珠の外形が完全な球体に近い真珠。PSLパールグレーディングシステムでは、真円の定義は【変形度＝（1－最短径／最長径）×100】なる式より0～2％台をラウンドと規定しています。

・**人工採苗**（じんこうさいびょう）
水槽内で受精させ稚貝を飼育管理すること。

・**人工真珠**（じんこうしんじゅ） **Simulated**

pearl
真珠核に真珠箔を塗布して仕上げたものを言います。中心が貝であるために貝パールとも言われます。

・**真珠（しんじゅ） Pearl**
真珠を各機関は次のように定義しています。
〈真珠とは生きた貝の体内で形成される生鉱物であって、かつその外観し得る部分の構成物質が真珠貝貝殻の真珠層と等質であるものをいう〉（社団法人日本真珠振興会による2009年「真珠スタンダード」より）
〈真珠とは生きた真珠貝の中で球状または半球状（多少の変形を含む）に形成される代謝生産物であって、かつ、その外見しうる部分の主たる構成物質が、真珠貝の真珠層と等質であるものをいう。なお、その内部に貝殻質から作られた核を含むか否かは関係ない。この場合、真珠貝中におけるその形成契機に、全く人為的な要因を含まないものを「天然真珠」といい、その契機を人為的に与えられるものを「養殖真珠」という〉（真珠養殖事業法に基づく農林水産省の真珠の定義より）
〈「真珠」とは、真珠を作る貝のみが持つ、固有の器官である真珠袋の中で形成された代謝生産物で、その外観し得る部分およびその内層の主たる構成物質が真珠層であるものをいう〉（「PSLパールグレーディングシステム」における真珠の定義より、平成12年、真珠科学研究所）
〈天然真珠とは貝の内部に全く偶然に（何ら人間が関与せずに）分泌形成されたもので、有機物（コンキオリン）と炭酸カルシウム（主としてアラゴナイト）が同心円状に層をなし、最外層が真珠光沢を有しているものをいう。養殖真珠とはその目的で飼育された母貝の内部で分泌形成された真珠光沢を有する物質で、有機物（コンキオリン）と炭酸カルシウム（主としてアラゴナイト）が同心円状に層をなす最外層を持つ。真珠層の分泌は生きた貝そのものの代謝形成で起こり、人間はそのきっかけを与えるにすぎない。また内部の核の有無は問わない〉（CIBJO国際貴金属宝飾品連盟の規定集「パールブック」1985年より）

・**真珠鑑別鑑定書 Pearl grading report**
真珠科学研究所の真珠鑑別鑑定書は、PSLパールグレーディングシステムに則り発行されており、パールマークやギャランティマーク、オーロラ実写画像が添付され、各真珠により定められた「最高品質シリーズ」と「テリ最強シリーズ」の特別呼称が付けられているものです。190頁参照。

・**真珠婚式（しんじゅこんしき）**
結婚30周年目の記念日。

・**真珠層（しんじゅそう） nacreous**
貝あるいは核の上に巻かれた真珠構造を持つ層を主としたさまざまな分泌生成物の総称。厚さ約0.2から0.5ミクロン位の霰（あられ）石結晶と有機基質の薄膜より構成された薄板が貝殻内表面に平行に累積したもの。真珠層構造の垂直断面は、煉瓦塀のような構造を示し、有機基質はセメントに例えられます。

・**真珠の耳飾りの少女（しんじゅのみみかざりのしょうじょ）**
17世紀のオランダの画家フェルメールの代表的な作品。クック諸島には同作品が描かれた真珠入り５ドルコインがあります。

・**真珠袋（しんじゅぶくろ） pearl sac**
真珠養殖は貝体内に核とピースを入れますが、このピースが真珠袋として成長し真珠を作る一種の臓器になります。

・**真珠養殖用核（しんじゅようしょくようかく）**
貝殻を丸く加工して、真珠を作る一種の型。この核を入れると真珠ができるという間違った認識が普及してしまいました。真珠を作るのはピースから成長した真珠袋です。核の役割は、その形になることで、四角い核を入れれば四角い真珠ができることになります。

・真珠様物質（しんじゅようぶっしつ）
貝殻を作る貝は、すべて“真珠”を作る能力を持っていますが、真珠層を持たない貝からできる“真珠”をこのように呼びます。真珠層がないので輝きはなく、代表例として、アサリ、ハマグリ、ホタテガイ、カキなどがあげられます。

・人造真珠（じんぞうしんじゅ）　Artificial pearl
人工真珠及び模造真珠を合わせて人造真珠と言います。養殖真珠に酷似した人工品の出現により、1968年（昭和43年）に公正取引委員会から告示が出され、人工真珠または模造真珠と明確な表示をすべきと規定されました。人工真珠は主として真珠核に真珠箔を塗装したものを言い、模造真珠はガラスもしくはプラスチック製丸球に塗装したものを言います。

・垂下養生（すいかようじょう）
核入れ後の母貝を養殖籠に入れ、筏から海中に吊り下げて養殖する方法。明治期は海底に置く「地蒔き養生」でしたが、大正期以降、垂下養生に移行しました。

・スキャロップパール　Scallop pearl
ホタテガイから産出される天然真珠。真珠層構造を持たず、微小なカルサイトの葉状構造から構成されており、そのため、真珠の表面にはブロック模様が見られます。色は貝殻と同様なホワイトやバイオレットなどです。

・裾珠（すそだま）
浜揚げ珠の低品質のものを指す。量的には大部分を構成します。品質の出現比を三角形に表しますが、“花珠”“胴珠”“裾珠”の言葉はそれが女性の姿の図案化であることを示唆しています。

・スポット　spot
「斑点」とも呼ばれ、真珠にとって致命的なキズの一種。加工、厳密には漂白工程で発生する１～２ミリの直径の円。白く中心部に小さな亀裂があり、真珠層中層部に空隙（くうげき）ができると表面からはこのように見えます。漂白に使う過酸化水素（H_2O_2）の分解による酸素ガスが層内に溜まるために起きます。

・澄潮（すみしお）
豊後水道の急潮は、地元ではすみしお（澄潮）と呼ばれており、海の透明度が著しく高くなる現象。アコヤガイの異常斃死の原因の一つ。

・スリークオーター・パール　Three quarter pearl
真珠球形の1/4が欠如した形状のもの。主として貝殻内面に球状の核を貼り付けて作る一種の半形真珠。

・石灰化層（せっかいかそう）
アコヤガイやアワビの貝殻の内面はキラキラと虹のように美しい。これは真珠層という特別な構造のためです。石灰化層にはこのほか、いろいろな構造の層があります。稜柱層、葉状層、交差板層、粒状（均質）層・繊維状層などです。

・セミバロックパール　semi-baroque pearl
完全に不定形ではなく、やや球状を残しているもので、セミラウンドパールとバロックパールの中間の真珠を指します。

・セミラウンドパール　semi-round pearl
真珠の球形がラウンドではなく、やや欠けているもの。

・染色（せんしょく）
染料を用い、真珠の色を改変する処理。正確には着色処理と言います。

・選別（せんべつ）
真珠は、すべての加工段階で選別が伴います。浜揚げ珠を加工しようとする時どのような孔をあけるかと言う選別も一例で、リング、ブローチ等の細工品用に半分まであけるか、ネックレス用に貫通にするかを分けます。キズの少ない、ラウンドのテリの良い珠は優先的に片孔です。この選別は従って一個の珠の全面を見なければなりません。この作業を加工のプロたちは１時間に１万個選別します。その他に、脱色選別、調色選別、キズ選別等があり、それぞれの選別特性に応じて、光線、照度が工夫されています。

・**挿核**（そうかく） nucleus inserting
核を貝体内に入れることで、核入れとも言います。専門的には挿核手術といい、生殖層まで核とピースを挿入すること。

・**挿核器具**（そうかくきぐ）
開口器、先導メス、ピース針等、核入れ作業に使用する器具。

・**層われ**（そうわれ）
真珠層そのものにわれが発生しているもので、われの方向は層に垂直、水平どちらもあります。よく核われと混同されます。南洋珠のような厚まき珠にしばしば発生し、価値をなくしてしまいます。原因はいくつかありますが、気温や湿度の変化にともなって真珠そのものが膨張、収縮をくりかえす、その運動が根本原因です。

・**足糸**（そくし）
足の基部の足糸腺から分泌された糸状のもので、これで貝は岩礁などに付着します。俗にキヌイトとも言い、貝の活力判定に、この足糸の分泌力、再生度をもって指標にする場合が多い。

〈た行〉

・**第三の真珠サトウパール**（だいさんのしんじゅ）
核に鉛系物質を使用し、特殊な方法で透明アクリル樹脂を巻き、中に雲母系顔料を入れます。従って、剝れることもなく美しさを半永久的に維持できる高級模造真珠。人間の手で美しい真珠は作れないかと1962年に研究に着手、天然、養殖に次ぐ第三の真珠として1964年に製品化に成功しています。

・**帯状不透明層**（たいじょうふとうめいそう、おびじょうふとうめいそう）
真珠の中心部を帯状に走る白色の不透明な層。南洋真珠に偶に見られ、その正体は真珠層か稜柱層のどちらか。真珠層の場合、それを構成する結晶層が極めて厚く、光の干渉を起こさないため白く不透明に見えます。稜柱層の場合は白色あるいは淡褐色を呈し、構造は柱状というより大きなカルサイトの塊がランダムに並んでいます。両者共その原因は、真珠の中心部に該当する真珠袋部の細胞に何らかの異常分泌が起きたためと思われます。

・**褪色**（たいしょく）
真珠の褪色といわれる現象は予想外に複雑です。「さめる」と一言で片付けないで現象面から整理すると３つに分類されます。
１つは、真珠のエンハンスメントともいわれる調色により薄い着色に使われるピンクの染料が光によって分解され色が薄れていく現象。２つ目は、真珠の中に含まれる色素が光によって分解され色が薄れていく現象。３つ目は有機物による黒っぽさが薄れていく現象で、これは「ナチュラル・ブルー」の真珠によく見られます。

・**脱核**（だっかく）
貝体内に挿入した核が貝体外に抜け出ること。

・**タヒチパール** Tahitian pearl
南太平洋タヒチ島近海のクロチョウ貝から採取されるクロチョウ真珠を言います。

・**淡水氾濫**（たんすいはんらん）
梅雨時や台風期にいちどきに大量の雨が降り海水の比重が極端に低下することで、貝の衰弱、大量へい死が起こります。

・**淡水真珠**（たんすいしんじゅ） freshwater cultured pearl

河川、湖沼に生息するイケチョウガイ、ヒレイケチョウガイ等を母貝として養殖された真珠。淡水養殖真珠とも言います。

・**弾性率（だんせいりつ）**
外から力が加わって変形しても、その力がなくなると元のかたちに戻る、その程度を表すのが弾性率で、ヤング率、剛性率などがよく使われます。真珠の場合一種の複合材であり、積層構造であるから金属のように単純ではありません。力のかかる角度によっても違ってくるし、変形しなくても衝撃で結晶層が一枚剥がれればそれは変形ではなく損傷になります。

・**稚貝（ちがい）**
一年経っていない貝。

・**茶金（ちゃきん）**
ゴールド系真珠の最高峰。黄色と言うより橙色に近い。「ちゃきん」と読む。真珠科学研究所が発表した『グレーディングシステム』の中で決められた品質基準をすべてクリアしたゴールド系シロチョウ真珠の最高品質ギャランティの特別呼称。190頁のオーロラ茶金参照。

・**中珠（ちゅうだま）middle sized pearl**
直径6.0ミリから8.0ミリ未満のアコヤ真珠。

・**超極細繊維（ちょうごくさいせんい）Microfiber**
通常の繊維の10分の１以下の細い単糸の集合であるこの繊維は、水と油を瞬時に吸い取るため、真珠の手入れ用クロスとして理想的な繊維。

・**調色（ちょうしょく） rose tint**
真珠に薄いピンクの着色をほどこすことを言います。ネックレスの色合わせのために行ったことから始まったと言われており、今ではほとんどのアコヤ真珠に施されています。業界の専門用語。

・**潮汐（ちょうせき）tide**
月や太陽などの起潮力によって海面が周期的に昇降する現象。アコヤガイのような魚のように自由に動き回れず、ほとんど海底の一カ所に棲息する生物を底生生物と言い、それ故急激な環境の変化には弱い。異常気象、環境汚染には、もっとも犠牲を甘受する動物ということになります。同時に、海底にじっとしている動物だけに、大きな海のリズム、微妙な海のリズムに対する感受性は鋭く研ぎ澄まされています。その証拠のひとつに彼らはリズムを貝殻に描きます。アサリやハマグリは半日周期、アコヤガイは半月周期です。

・**チョーカー choker**
ネックレスの長さは16インチ（約40センチ）が基本で、チョーカーと呼び、チョーカーの約1.5倍がマチネ、約2倍がオペラ、約3倍がロープと呼ばれます。

・**直入（ちょくにゅう）direct operation**
シロチョウ真珠、クロチョウ真珠で、同一母貝の真珠袋を２度以上真珠養殖に使用するにあたって、２度目に行われる核入れを言います。

・**ツインパール twin pearl**
２個の真珠が連結した形で切れ目がなく、すべてに真珠層で覆われているものを言います。

・**テリ Teri**
真珠で起きる光の干渉現象の総称です。干渉の色と輝度から現わします。

・**てり出し（てりだし）**
ここで言うてり出しのてりの意味は、テリではなく艶のこと。テリは真珠の中から出てくる光沢、艶は表面の光沢を指す。表面に出来た微細な凸凹を除去するのですが、真珠層を一層剥いて新しい層を出し、次にクロスなどで拭いて艶を出します。

・**点つけ（てんつけ）**
真珠に孔をあける際、あらかじめ最適箇所にマジックペンなどで印をつけておくこと。特に指輪に用いられるものはこの作業が必須。

・**天然採苗（てんねんさいびょう） natural spawning**
貝が海で受精すると15～20日で付着本能がでて杉葉などに付着します。この時、貝は１～２ミリですが、たくさん付着する表面積の大きい杉葉を海水に投げ入れ付着させます。これを天然採苗と言い、海で泳いでいる貝の子供のことを苗と言います。

・**天然真珠（てんねんしんじゅ） Natural pearl**
貝の中で偶然が偶然を呼んでできあがった産物。人類が最初に出会った宝石。

・**同種間移植（どうしゅかんいしょく）**
移植片を取る貝とそれを受ける貝が同じ種族の場合を言います。現在の真珠養殖は殆どがこれに該当します。

・**どう珠**
胴珠と書き、浜揚げ珠の一定品質のものを指す。浜揚げ時における真珠の品質を量との関係で表すと三角形になり、頂上付近が「花珠」で数パーセントしかなく、低品質は底辺部分に該当。その中間に属する量的にもっとも多いものを、胴に該当させてこのように言います。

・**当年物（とうねんもの） one year pearl**
養殖期間が1年未満の真珠のこと。

・**通糸連（とおしれん）string**
真珠のネックレスに組む前に、仮糸で糸通しされたもの。業界内ではこの状態で取引することが多い。連とも言い、「つうしれん」と読んでいるメーカーもあります。

・**どくず**
真珠層以外の異質なものが大部分を占め、加工を経ても商品珠になりえないものを指す。出現率は８パーセント位とみなされ、生産者は所属の漁協に供出する義務を持つ。→同義語「しら」

・**突起（とっき）**
真珠の一部が大きく盛り上がったものや、小さな瘤ができたようなもの等、その形は様々。養殖中の何らかの要因により真珠層内に異質物が分泌され突起となります。

・**ドッグ・ネックレス dog necklace**
犬の首輪をドック・カラーと言い、首にぴったり巻き付くタイプのネックレス。

・**ドブガイ貝殻（ドブガイかいがら）**
真珠養殖草創の頃、核の材質に何が適するかを巡って様々な模索が行われました。ガラス、大理石、さんご、瀬戸物等が試みられ、やがてカワボタン科の淡水産二枚貝の貝殻が材質として適していることが分かり、主として米国ミシシッピー河水系に生息する貝の貝殻に依存するようになりました。これらの貝を“ドブガイ”と総称しています。

・**トリートメント treatment**
人工的に色等を変えてしまう処理のこと。改変と言います。

・**ドロップ drop**
真珠におけるドロップとは、径の長さが異なり、軸を任意にとった場合左右で対称性のあるものを言います。またパーフェクトドロップとは、PSL パールグレーディングシステムでは連続した対称性を有し短径：長径＝1：(1.3～1.6) までのものと定義されています。

〈な行〉

・**ナクレイン**
真珠層を構成するたんぱく質のひとつ。

・**ナチュラル・ゴールド natural gold**
アコヤ真珠、シロチョウ真珠のゴールド系のもので、漂白処理を行うことがあるが、着色処理を行っていないもの。

・**ナチュラル・ブルー natural blue**
アコヤ真珠で核と真珠層の間に入り込んだ有機物の層が、真珠層を通してブルーもしくはグレーに見えるもの。

・**ナチュラル・ホワイト natural white**

いわゆる調色処理を行っていないものの別称。

・**菜っ葉色（なっぱしょく）**
アコヤ真珠から採れる低品質の珠。テリがなく黄緑の色が浮き出しており、貝の衰弱でできると考えられています。

・**ナノテクノロジー　nanotechnology**
ナノとは10^{-9}を意味する接頭語。物理量の単位につけて、nm（ナノメートル）、ns（ナノ秒）、nA（ナノアンペア）などのように使われます。ナノテクノロジーはナノメートルの大きさにかかわる工学・技術のことを指す。ちなみに真珠の場合、真珠層を構成するアラゴナイト結晶層の厚さは0.2～0.6ミクロン、これは換算すると200nm～600nm。

・**鞣（なめし）　tanning**
もともとは革が硬くなったり腐食したりしないよう行われる工程のこと。真珠層はカルシウムの小さな結晶（炭酸カルシウムのあられ石結晶）とたんぱく質の薄いシート（層間基質 interlamellar matrix）が交互に何百、何千層と同心円状に積み重なった構造をしていますが、層間基質をなめしによって強化する耐久処理の一方法が真珠科学研究所のマイクロ・パーマネント処理です。

・**軟体動物（なんたいどうぶつ）　mollusk**
巻き貝、二枚貝、イカ、タコなどの動物の分類学上の呼称。頭、内臓嚢、足から成り、からだの主な部分は外套膜でおおわれています。貝殻をもつものが多い。

・**南洋真珠（なんようしんじゅ）　South sea pearl**
シロチョウガイ産出真珠を言う。シロチョウガイは真珠母貝の中で最大であり、受精後３年で殻高20センチ余になります。生息地は西南太平洋からベンガル湾にいたる赤道周辺海域。

・**肉重量（にくじゅうりょう）**
正確には軟体部重量。貝殻を除いた“身”の重さのこと。これも測定不可欠の重要指標のひとつ。

・**濁り珠（にごりだま）**
透明感がまったくない真珠。その頭頂部に現れる光源像がチカチカと、ぶれて映るところに特徴があります。業界内で使われている言葉。

・**練り核（ねりかく）**
人工的に作った核の総称。プラスチック、セラミック、それらの混合物などいろいろなものが出現あるいは特許出願されています。

・**ノット　knot**
真珠のネックレスの糸の結び方のことで、オールノットは、真珠と真珠の間にすべてに結び目を入れる結び方。

〈は行〉

・**ハーフ・パール Half pearl**
ヴィクトリア時代（イギリス、1893～1901年）に天然真珠を半球状にしてジュエリーを製作していましたが、その半球状の真珠をハーフ・パールと呼んでいました。

・**パーリン**
真珠層を構成するたんぱく質のひとつ。

・**パール・オブ・アジア　Pearl of Asia**
ペルシャ湾マスカルで1936年に発見された、76×49ミリ、重さ114グラムの大きさで、インド、ペルシャ、中国の歴代皇室の秘宝とされてきた巨大真珠。 中国の西太后がこよなく愛したと言われています。

・**パールマーク制度（パールマークせいど） pearl mark system**
品質規格基準を設定し、商品として十分価値を有する真珠であることを検査し立証することを目的にした制度で、PSLパールグレーディングシステムでは、層われ、加工キズなど7項目の品質規格基準を設定しています。

・パールリフレッシャー　pearl refresher

真珠のクリーニングに使用する機器、2009年に日本大学工学部と真珠科学研究所が共同開発。真珠のごく表面の軽度、中度の真珠層の溶解を研磨することで、失われた光沢を甦らせます。

・白濁・不透明層（はくだく・ふとうめいそう）

淡水産・海水産真珠の、真珠層の一部に稀に見られる現象で、原因はいろいろ。①結晶層が極めて厚い場合②稜柱層の場合③加工により④あるいは大気中の温度や温度変化により小さな隙間が真珠層の中に発生した場合などが考えられます。

・白竜真珠（はくりゅうしんじゅ）

ベトナムと中国の間にあるトンキン湾で採れるアコヤの天然真珠を16世紀頃まで、こう呼んでおり、ヨーロッパで有名でした。

・ハサキ

端先とも書く。貝殻先端部のギザギザのことを言い、専門的には稜柱層の輪状薄片であり、ギザギザは鱗片状突起と呼びます。ハサキは生産者の間では貝の一種の健康バロメーターとして扱われています。「ハサキが伸びているから元気だ」「ハサキが伸びなく、ボウズだよ」などと日常茶飯事の言葉でやりとりされています。ハサキが次々と出てきて貝殻が大きくなるのであり、その次々と出てくる様子を「伸びる」と表現します。貝殻が大きいということはハサキがたくさん重なっていることを指します。

・花珠（はなだま）

最高品質のアコヤ真珠を指し「華珠」とも書く。語源は「端珠」にあるようです。漁師言葉でハナ（端）・ドウ（胴）・スソ（裾）・ドクズ（屑）と浜揚げ珠を４分類した時のトップを端珠（ハナダマ）と呼んでいます。→190頁のオーロラ花珠参照

・浜揚げ珠（はまあげだま）

養殖期間が終わり、海から貝を揚げて内部の真珠を採り出すことを浜揚げと言い、その時点での真珠を指します。

・浜揚げ入札会（はまあげにゅうさつかい）

漁協や漁連が組合員の生産した真珠を販売するために開く。

・バロック　baroque

形のいびつな真珠。海と貝の気まぐれであり、自然のいたずらから作られることから、同じ形のものは存在せず、形の妙が楽しめます。

・反射（はんしゃ）　reflection

進行波が、進行中の媒質と異なる媒質にあたって方向を変え、もとの媒質中の新しい方向に進む現象。汗などでくもってしまった真珠というのは、その表面が光という波のレベルで見ると凹凸だらけであり、結果的に乱反射、拡散反射が起こり、くもった状態に見えます。

・ハンマーマーク　hammer mark

業界の造語。表面がハンマーで叩きあげたような状態の真珠を言います。微小な無数の渦巻き成長模様からなっており、どんな研磨法でも直すことはできません。結晶の成長速度が早い時に現れるとされています。

・ピーコック処理（ピーコックしょり）

業界の造語、専門用語。ホワイト系の真珠を黒色に処理することを言います。

・ピース　piece

真珠業界では外套膜移植切片のことを言います。これが貝の体内に入り、本来の機能である貝殻を体内で作ったものが真珠です。従って真珠養殖の最重要な存在であり、専門的にはこの切片の一部を構成する外面上皮細胞だけが増殖して袋状の組織（真珠袋）を作り、真珠が生まれます。

・ピース貝（ピースがい）

ピースを採取するための母貝。

・**光透過装置（ひかりとうかそうち）**
一種の照明装置であり、極めて強い光を一カ所に集める仕組みになっています。その仕組みは２種類あり、ひとつはグラスファイバーを使う方式、もうひとつはレンズを使う方式です。真珠の鑑別に必須なのがこの装置で、真珠の聴診器とも言われます。光透過法、サーチライト法として使われます。

・**光透過法（ひかりとうかほう）**
光透過装置による使用方法の一つ。強い光を真珠内部に透過させ、浮き出てくる内部の模様や色をもって処理の有無を判断します。例えばナチュラル・ブルーは真冬の凍てつく空に輝く月のように見え、一方コバルトと称されている放射線処理のブルーは宵の明星のように赤くなります。その他、層われ、核われの欠陥検査で使用されます。

・**避寒（ひかん）**
秋から冬にかけて暖かい海水域に貝のいかだを移動させ、体力の消耗を少なくさせること。

・**ひび**
珠の表面がクモの巣のように白いひびで覆われる現象。これは加工工程の漂白工程で往々に発生します。

・**ピピパール　Pipi pearl**
タヒチ島付近の浅い海域から採取される２ミリから５ミリのアコヤガイの仲間の貝から産出される乳白色の真珠。

・**漂白（ひょうはく）**
真珠は貝から取り出した時、染みや汚れがありますが、その染みや汚れを取りさる作業を言います。

・**ヒレイケチョウガイ（ヒレ池蝶貝）　Triangle mussel　学名** ***Hyriopsis cumingii***
イケチョウガイの近似種であり、中国の長江（揚子江）流域に生息し広大な地域で大量に養殖されている淡水真珠の母貝。三角貝と俗称で呼ばれることもあります。

・**ビワパール**
滋賀県の琵琶湖で養殖されている淡水真珠を言います。母貝はイケチョウガイ。1950年代から生産が始まり、ピーク時に年間6トンあった生産量は、80年代後半から水質の悪化や外来魚の出現で激減したと言われています。

・**ピンクガイ　queen conch　学名** ***Strombus gigas***
西インド諸島を含むカリブ海全域に生息するコンクパールの母貝。巻貝でピンク色をしています。

・**フェザーパール　feather pearl**
カワシンジュガイから採れる天然真珠で、鳥の羽に似た形状が特徴です。

・**仏像真珠（ぶつぞうしんじゅ）　Buddha statue pearl**
外套膜が自ら貝殻を形成していく働きを利用し、仏像の形にした核を貝殻内面と外套膜の間に貼り付け、この上に真珠層が分泌されることにより作り出されます。中国では湖に生息するカラスガイを使用し作りますが、その歴史は古く、記録では11世紀の初めまでさかのぼります。

・**ブラックリップ　black lip**
クロチョウガイのこと。この貝の貝殻光沢部の縁は特有の黒色系をしているが故にそう呼ばれますが、ブラックではなく、グリーンとピンクあるいはイエローがまざっています。それを裏付けるのがこの貝から採れる最高峰の珠、ピーコックカラーと言う呼び名です。

・**ブリスター　brister**
瘤の意味。欧米では今でも天然真珠の一種とされています。寄生虫などが入り貝殻内面がふくれたもの。真珠がきわめて希少性を持っていた時代の産物。

・**ブリスター・パール　Brister pearl**
貝の体内に生成した天然真珠が体内を移動し貝殻部に癒着したもの。殻付真珠とも言います。ブリスターと混同されがち。

・**分厘（ぶりん）**
尺貫法で長さの単位。尺、寸、分、厘と続く。１尺＝１/3.3ｍ＝0.30303ｍ、１寸＝１/10尺、１分＝１/10寸（＝3.0303ミリ）１厘＝１/10分（＝0.30303ミリ）。真珠養殖時に使う核のサイズはこの分厘の世界です。手術台に乗せられた貝の大きさを見て、２分６を入れるか２分７にするかを瞬時に判断出来なければプロではないとベテラン挿核者は言います。

・**プリンセス　princess**
真珠のネックレスで襟に沿う長さのことを言います。

・**ふるい　pearl sieve**
真珠の珠の直径分類のため用いられるもので、各ふるい板に直径の穴が多数開けられています。

・**ブルー珠（ブルーだま）**
文字どおり、ブルーがかった色などの黒みを帯びた珠、またはシルバー、グレー系の色合いを持つ真珠を総称してブルー珠、もしくはブルー系真珠と呼んでいます。ほかの貝から採れたものと区別し、アコヤ貝から採れた真珠に対して使われます。

・**フレーム　frame**
コンクパールに見られる炎模様のこと。強い光を当てながらルーペで拡大すると、中から炎のような模様がにじみでてきます。その原理は、構造に起因する光が作り出す模様です。

・**ブンド珠（文豆珠）**
“どくず”に属す。正確には稜柱層真珠と言います。貝殻の外側のゴツゴツした材質は稜柱層と呼ばれる真珠層とは異質なものですが、それがどう間違えたのか、核のまわりに分泌されてでき、外見が文豆（ぶんど）に似ていることからこの名前があります。商品価値はありません。

・**ペアシェープ　pear-shaped**
楕円形で片方は尖り、片方は丸みを帯びた形。ペアは洋梨の意味で、形が似ていることから名前が付きました。

・**閉殻筋（へいかくきん）　adductor muscle**
浜揚げ時、アコヤガイから真珠を取り出すには、貝を貝殻、身、貝柱の３つに分けますが、貝柱のことを専門用語で閉殻筋と言います。貝殻の開閉をつかさどる筋肉だからです。

・**斃死（へいし）**
一般的には動物が突然死ぬことを言いますが、真珠業界では貝が死ぬことを指します。その原因としてはウイルス説やホルマリン説などが言われています。1990年代後半には大量に斃死する現象がありました。

・**ベル・パール　Bell pearl**
西洋ナシのようなドロップ形の真珠。

・**ペルラ　Perla**
スペイン語で真珠のこと。

・**宝石のクイーン（ほうせきのクイーン）　queen of jewelry**
ダイヤモンドが宝石のキングなら真珠は宝石のクイーンと言われます。ここで言われている真珠は、天然真珠のこと。

・**ホースコンク　Horse conch**
学名は *Pleuroploca gigantea*
フロリダからベネズエラまでのカリブ海や東南アジア一帯の沿岸に生息する大型の巻貝で、米国フロリダの州貝に指定されています。貝殻の巻いている部分の反対側が馬の尻尾のような突起があることからホースコンクと呼ばれています。

・**ホースコンク・パール　Horse conch pearl**
ホースコンクから産出されるオレンジ色や赤褐色の特徴的な色調を持つ真珠。構造は交差板構造でフレームが確認できます。

・**ホープ真珠（ホープしんじゅ）　Hope pearl**
19世紀、ロンドンの銀行家として巨富を得、その資産を投じて膨大な宝石類のコレクションを行ったことで知られるヘンリー・

フィリップ・ホープの収集品の一つ。全長65ミリ、最大周囲114ミリ、最少周囲82ミリ、重量85グラム。行方が分からなくなった時もありましたが、現在はヨーロッパの個人が所有していると言われています。

- **母貝（ぼがい） mother oyster**
手術できる貝。海水産ではアコヤガイ、クロチョウガイ、シロチョウガイなどが代表的。
- **ボケ真珠（ボケしんじゅ）**
光沢がない真珠に対する俗称。
- **ボタンパール button pearl**
押しつぶされたような扁平なボタン形の真珠。
- **北海パール（ほっかいパール）**
北海道古宇郡泊村の茶津貝塚から1985年に発掘された26個の真珠。4000年前の縄文中期の真珠。最小のものは直径1.7ミリ、最大のものは4.5ミリで、エゾヒバリ貝という北海特産の貝が作ったと判定されました。
- **ポリキータ polychaeta**
母貝に寄生し、貝殻を侵食する多毛類。

〈ま行〉

- **マイクロ・パーマネント micro permanent**
真珠科学研究所が推進している耐久処理の一技術。その方法は、真珠内部の水分、タンパク質、有機物に特定の処理を行い（乾燥、置換、なめし）、ある種の化学物質を空隙に入れ（含浸）、真珠層の強化を図ります（充填、包埋）。これにより、①テリ、透明感が向上します②クロチョウ真珠やナチュラル・ブルー系真珠の褪色を防ぎます③ナチュラル・カラーの黄ばみを遅らせます。
- **前処理（まえしょり）**
一般的にアコヤ真珠は漂白加工や調色が行われていますが、それらの前に行われる工程を指します。色調の安定やテリの改善などが目的です
- **まき nacre thickness**
養殖真珠が生まれてから使われ始めた言葉。核にまかれた真珠層の厚さを主として表す。その厚さはレントゲンで測定できます。
- **マジョリカパール Majolica pearl**
スペイン・マジョリカ島で生産されており、その島名がブランド名になっている知名度の高い模造真珠。
- **まだま**
万葉集の中で使われている言葉で、真珠のこと。→190頁のオーローラ真多麻参照。
- **マチネ matinee**
ネックレスの長さの一つで、約60センチ、チョーカーの1.5倍の長さ。
- **マベ Penguin wing oyster**
ウグイスガイ科。ペンギンが羽を広げたような形に見えることから、学名は *Pteria* (*Magnavicula*) *penguin* と言います。大きさは25センチくらい。熱帯から亜熱帯の海域に広く分布し、日本では奄美大島が主産地。
- **マベ・パール**
マベから採れるものを言い、ほとんどが母貝の貝殻内側に核を直接挿入してできる半形の真珠。大きさは13～15ミリを中心に10～20ミリくらい。
- **マルガリータ margalita**
ラテン語で真珠のこと。真珠科学研究所発行の月刊誌も『マルガリータ』と名付けられ、1991年から発行を続け、2014年5月で270号となっています。
- **マルガリータ margalita**
学名 *Margalita margalita.*
かつて日本国内の河川にも広く生息していたカワシンジュガイ。その呼称にあるように天然真珠を多く産出していたと思われま

す。

・**マルチ連**　**multi necklace**

1本のネックレスが、母貝を異にする真珠や、色、大きさ、形の異なる真珠から構成されるものを言います。

・**水漬け（みずづけ）**

文字通り真珠をアルカリ性の水に漬けること。真珠の加工工程では非常に大切な工程です。真珠の中に残っている過酸化水素を分解させるために行われます。これをしないと後日真珠が黄ばんできます。

・**密殖（みっしょく）**

過密養殖のこと。

・**みみず**

表面にまるでミミズがのたうったようなしわがある真珠を言います。一つひとつのしわは溝であり、底部は溶けた状態にあります。

・**無孔（むあな）undrilled**

真珠のルースで、全く孔があいていない状態のこと。

・**無核真珠（むかくしんじゅ）nonnucleus pearl**

核が入っていない真珠。淡水産のイケチョウガイ、ヒレイケチョウガイなどの真珠養殖では、真珠核を用いずピースのみの移植で主に行っています。天然真珠は無核ですが、このような呼び方はしません。

・**メチルアルコール methylalcohol**

真珠加工にとってはなくてはならない重要な薬品。過酸化水素を溶かし、漂白液として使われ、染料を溶かし、調色液としても使われます。

・**メロ・パール**　**Melo pearl**

ベンガル湾やアンダマン海、台湾以南の南シナ海等に生息するハルカゼヤシガイ（melomelo）、イナズマツノヤシガイ（meloamphora）から採れます。黄褐色系で火炎模様（フレーム）が顕著に見られます。

・**模造真珠（もぞうしんじゅ）Imitation pearl**

主にプラスチック製あるいはガラス製の丸球に真珠箔を塗装したもの。

・**モンスターパール**　**monster pearl**

巨大な真珠という意味。パラゴンパール（paragon pearl）とも言います。

・**匁（もんめ）monme**

尺貫法で重量の単位のひとつ。一匁は一貫の千分の一で、3.75グラムに当たります。尺貫法が廃止されている今日、例外として真珠の売買はこの「もんめ」が国際的に認められており、養殖真珠王国日本の名残でもあります。

〈や行〉

・**ユーヴィー（UV）フィルター**　**UV filter**

UVとはウルトラバイオレットの略で、紫外線のこと。真珠はたんぱく質を含むため紫外線で変色します。いわゆる黄ばみです。UVフィルターとは紫外線カットのフィルターのことで陳列時の必需品です。

・**有機基質（ゆうききしつ）**

真珠層を構成する有機基質は、隣り合った結晶どうしを接着する結晶間基質（intercrystallin matrix）と、薄片の基盤となる層間基質（interlamellar matrix）、個々の結晶の内部にある結晶内基質（intercrystallin matrix）に分けられます。ちなみに、これら3種の基質の名は1965年に渡部哲光氏が名づけたもので、以来広く一般に使われています。

・**有機質層（ゆうきしつそう）**

文字通り有機物からできている層。有機物と言うのは総称ですから、その内容はさまざま。貝の臓器の一部もあれば、移植片の片割れもあるし、バクテリアによる腐敗生成物もあり、この真珠の中に閉じ込められているさまざまな有機物を言います。

・**輸出検査法（ゆしゅつけんさほう）**　**export**

laboratory procedure
かつて日本には「真珠養殖事業法」という法律があり、その中で、輸出時には国の検査を受けることが決められていました。検査官は真珠の瑕疵を徹底的にチェックしました。薄巻、ドロ珠、割れ珠、荒れ珠等があるのです。それらの瑕疵を持つ真珠は国外にて品質低下が激しく、もって日本の真珠への不信、さらには国辱へとつながると判断したのです。その検査法は、専門官による北窓光線の下、目視評価でなされました。この法律は1998年12月、46年の歴史の幕を下ろしました。

・ユニフォーム　uniform
付けた時の美しさを考えて、中央部には大きめの珠、両端に行くほど小さく配置してあるアコヤ真珠の最も標準的なネックレス。一般的な7ミリのネックレスは、7ミリ以上7.5ミリ未満の珠が使用されており、鑑別書等には「7.0～7.5」と表記されます。

・葉状構造（ようじょうこうぞう）　foliated structure
方解石の結晶がスレートの屋根ぶきのように積み重なっている構造体。カキの貝殻はこの構造。

・養殖真珠（ようしょくしんじゅ）　cultured pearl
貝を採取・育成し、貝体内に核とピース（ピース単独の場合もある）を挿入、その貝を漁場で育成して形成される真珠のこと。

〈ら行〉

・ラウンド　round
PSLパールグレーディングシステムの評価の一つである「かたち」の中の最高位に属するもの。〈変形度＝（1－最短径／最長径）×100〉の式で０～２％台をラウンドと言います。

・卵止め（らんどめ）
抑制。仕立て作業の一つで、脱核などを防ぐために貝を静かな状態に置き、生殖巣の卵を成熟させないこと。アコヤガイの春挿核に行う独特の方法で、シロチョウ真珠・クロチョウ真珠は行いません。

・卵抜き（らんぬき）
仕立て作業の一つで、母貝に刺激を与えて産卵させる方法で、秋挿核のアコヤガイに行う。卵止めも同じですが、手術のショック軽減や手術後の回復促進を目的に行います。

・両孔（りょうあな）drilled through
貫通孔をあけられた真珠。

・稜柱構造（りょうちゅうこうぞう）　prismatic structure
稜柱層（prismatic layer）とも呼ばれます。主として貝殻の外側を構成している強固な構造体ですが、真珠の内部にもしばしば見られます。アラゴナイト稜柱構造、放射状稜柱構造、不規則稜柱構造、混合稜柱構造、カルサイト稜柱構造、繊維稜柱構造等種々の形態があります。

・厘珠（りんだま）
直径５ミリ未満のアコヤ真珠。

・レース・ネックレス　lace necklace
小粒の真珠をレースのように、またはベルトのように編み上げたネックレス。

・連（れん）　string
真珠のネックレスに組む前に、仮糸で糸通しされたもの。業界内ではこの状態で取引することが多い。通糸連（とおしれん）ともいいます。

・連組（れんぐみ）　necklace making
色、テリ、まき、キズ、かたち毎に同一基準を満たすものを16インチ並べ、一本のネックレスに仕上げていく。しかもセンター付近からサイズをわずかずつ小さくして組んでいきます。

・連選（れんせん）
加工終了後、選別工程に入りますが、連組工程の前工程を言います。その工程内容の一例を示します。黄色の度合いをゴールド、イエロー、クリーム、ホワイト等に分類、さらに干渉色の２大分類化、ピンク系、グリーン系に細分します。次いでそれらの細分化ロットはテリの良さでさらに３分類化に細細分し、細分化はさらに続きます。キズの程度、かたちの程度、まきの程度というようにです。最終的に何百貫という大ロットが何十匁という小ロットに分類化してしまうのがこの工程です。

・連相（れんそう）
一本のネックレスを構成する数十個の真珠が、どのくらい色や光沢が揃っているか、それを「連相」という業界独特の言葉で呼んでいます。

・連台（れんだい）
真珠の珠が一列に並べられる溝が数本ある連組のための作業道具。糸通しまで連台で行われます。

・レントゲン　x-rays
軟Ｘ線という波長の長いＸ線が真珠内部を見るのに使われ、中の構造把握、特にまき厚測定に使用します。中に核が入っているか否かなどの調査にも有力な方法です。

・ロープ　rope
チョーカーの３倍、約120センチのネックレス。

〈わ行〉

・和珠（わだま）
アコヤ貝産の真珠。これに対してシロチョウガイ産の南洋真珠を洋珠と言い、クロチョウガイ産の黒真珠も南洋地方で採れるからと含める人もいます。いずれも俗語。

・ワックス磨き（ワックスみがき）
真珠表面を滑らかにする方法。表面の凹凸をワックスで埋めることにより滑らかにしますが、時間が立てばワックスはなくなり「つや」もなくなります。

［真珠鑑別鑑定書］ 真珠科学研究所

・アコヤ真珠：最高品質シリーズ

・オーロラアコヤクィーン　Aurora Akoya-quene

クリーム系＆その他の系のアコヤ真珠の最高品質に付けられた特別呼称。この色の真珠は品質的に素晴らしいものが多い。その理由は健康で元気な貝であり、そうであれば、まきは厚く、キズは出にくいからです。

・オーロラ彩雲珠（オーロラさいうんだま）Aurora Saiundama

ブルー系アコヤ真珠の６ミリ未満のサイズに対して付けられた特別呼称。アコヤ真珠の中でブルー系の出現率は僅少（８％位）のため３、４ミリというサイズのなかの最高品質クラスは「極く極く」僅少。

・オーロラ彩凛珠（オーロラさいりんだま）Aurora Sairindama

ホワイト系アコヤ真珠の６ミリ未満のサイズに対して付けられた特別呼称。語源は「細厘珠」で、かつての分厘の時代、直径３ミリ未満の珠をこう呼んでいました。テリが放つ輝きが、首筋に沿って一本の光のラインが描かれ、凛と輝く、光が演じる色彩の帯とも形容できるのです。

・オーロラ天女（オーロラてんにょ）　Aurora Tennyo

オーロラ花珠の中で特にテリが際立っていることを強調する特別呼称。その具体的な証は、輝度分布値を測定する装置で最高値の90％以上を示すこと、反射干渉光の放つ色模様が、赤から緑まで3色以上鮮やかに出現することの2つの必要十分条件を備えていることに示されます。

・オーロラ花珠（オーロラはなだま）　Aurora Hanadama

ホワイト系アコヤ真珠に付けられた特別呼称。「はな珠」は最高品質のアコヤ真珠を指し、「花珠」「華珠」とも書く。語源は「端珠」にあり、漁師言葉で先端あるいはトップのことを「端（はな）」というところからきていると言われています。真珠科学研究所では花珠の「花」を「桜の花」にイメージを置いています。

・オーロラ真多麻（オーロラまだま）　Aurora Madama

ブルー系アコヤ真珠に付けられた特別呼称。「真多麻」は万葉集で詠われる真珠の呼び名の一つにちなんでいます。海から揚がったままの何ら人為的処置を施していないブルー系真珠にふさわしいからです。

・白蝶真珠：最高品質シリーズ

・オーロラヴィーナス　Aurora Venus

シルバー系シロチョウ真珠の特別呼称。その特質は、直径13ミリが平均値というサイズであり、アコヤ真珠の4倍の表面積が面の滑らかさとなっています。またテリはいぶし銀のような輝きです。

・オーロラ茶金（オーロラちゃきん）　Aurora Chakin

ゴールド系シロチョウ真珠の特別呼称。以前よりゴールド系シロチョウ真珠の最高品質を表す言葉として一部の間で使われていた造語。「クリーミィピンク」と英語では言い、彩度が高く、鮮やかな干渉色をだします。

・黒蝶真珠：最高品質シリーズ

・オーロララグーン　Aurora Lagoon

グリーン系クロチョウ真珠の特別呼称。

この真珠のタンパク質には緑と赤のふたつの色素が含まれ、表面付近には赤や緑の光彩があふれています。緑の色素が多く含まれ、光がより多く緑の光彩を作った場合、その外観は緑と緑が合わさって、珠の芯から湧き出るような、深みのある緑色の真珠となります。それは、刻々と変わるタヒチのサンゴ礁の色が、ある瞬間、太陽の陽射しと海の深さの相関でエメラルドグリーンに輝くのと同じです。

・アコヤ真珠：テリ最強シリーズ

・オーロラボレアリス　Aurora Borealis

アコヤ真珠の中でも、ブルー系のバロック形状に対するテリ最強の特別呼称。オーロラ・ボレアリスとは“オーロラ”の正式名です。ブルー系バロック珠は、転がすたびに緑や青が現れ、あるいは赤や橙が現れるという色彩変転が著しい。

・オーロラロゼ　Aurora Rosé

アコヤ真珠の中でピンクの干渉色がひときわ強く出ているものに対するテリ最強の特別呼称。真珠層の中で光のみが作るこのピンク色は、100％に近い鮮やかさを有しています。

・白蝶真珠：テリ最強シリーズ

・オーロラスターダスト　Aurora Stardust

ブルー系シロチョウ真珠のバロック珠のテリ最強の特別呼称。この真珠が放つ光彩は、宇宙を旅する小惑星を連想させます。この真珠のテリはいぶし銀のような、真珠層の遥かな深みから滲み出るような柔らかさがあります。

・オーロラフェニックス　Aurora Phoenix

テリ最強シリーズシロチョウ真珠シルバー系の特別呼称。テリという現象は真珠層のミクロな構造が光と相まって作られます。構造起因の現象ですから褪色・変色とは無縁です。

・オーロラムーンレインボー　Aurora Moon-Rainbow

ゴールド系シロチョウ真珠のテリ最強の特別呼称。シロチョウガイのゴールドリップ系を使えば、黄色色素による黄色い珠の出現は比較的容易ですが、いま一つの条件「テリ最強」が加わった時、輝きが現れ、虹が現れ、「真珠」は「ムーンレインボー」に変身します。

・黒蝶真珠：テリ最強シリーズ

・オーロラオーシャンブルー　Aurora Ocean blue

ブルー系クロチョウ真珠のテリ最強の特別呼称。黒い真珠層だけで形成されています。

・オーロラピーコック　Aurora Peacock

クロチョウ真珠のテリ最強に付けられた特別呼称。1970年代から養殖の成功により市場にクロチョウ真珠が登場しましたが、テリの素晴らしい珠について生まれた言葉です。珠の周縁部に現れる鮮やかな緑や赤の色が孔雀（ピーコック）の羽を連想させたからでしょう。

・オーロラ南太平洋に浮かぶ真珠の島々（オーロラみなみたいへいようにうかぶしんじゅのしまじま）

マルチ系クロチョウ真珠ネックレスに対するテリ最強の特別呼称。

●監修者プロフィール

小松 博（こまつ・ひろし）

1963年東京水産大学（現東京海洋大学）卒業後ミキモト入社、24年間研究室に勤務。87年真珠科学研究所を設立、現在に至る。真珠の全分野にわたる研究及び教育の啓蒙を手がける。ICA（国際色石協議会）設立委員、(社)日本ジュエリー協会JC委員、2005年芸術工学博士取得。主な著書に『真珠の知識と販売技術』（繊研新聞社）『ニッポンの真珠がいちばん美しい』（同）がある。

真珠事典（しんじゅじてん） 真珠、その知られざる小宇宙

2015年3月30日 初版第1刷発行

監　　修　小松 博（こまつ ひろし）
発 行 者　白子 修男
発 行 所　繊研新聞社
〒103-0015 東京都中央区日本橋箱崎町31-4 箱崎314ビル
TEL.03(3661)3681 FAX.03(3666)4236
制　　作　スタジオ スフィア
印刷・製本　倉敷印刷株式会社

ISBN978-4-88124-313-8 C3560